高等职业教育“十四五”规划教材
中国特色高水平高职专业建设计划成果
现代农业装备应用技术专业群系列教材

水稻全程机械化生产技术

（北方本）

焦光纯　于永梅　主编

中国农业大学出版社
·北京·

内 容 简 介

本书为校企共建教材，依据水稻生产技术需求把水稻栽培技术、植物保护技术、土肥管理技术、机械使用与维护技术等内容进行了模块化整合，构建了水稻栽培基础、水稻田耕整地机械化技术、水稻育秧机械化技术、水稻插秧机械化技术、水稻田间管理机械化技术、水稻收获及秸秆处理机械化技术六个模块，并融入职业技能标准与企业标准，补充了水稻生产的新技术、新产品、新模式等。全书通过清晰的图片、视频资源等方式丰富教材内容，增强直观性，适合农业类专业学生学习，也可做农业技术培训的参考书。

图书在版编目(CIP)数据

水稻全程机械化生产技术:北方本 / 焦光纯，于永梅主编．-- 北京 ：中国农业大学出版社，2024. 11. --ISBN 978-7-5655-3321-1

Ⅰ. S511.048

中国国家版本馆 CIP 数据核字第 20241E3B82 号

书　　名　水稻全程机械化生产技术(北方本)

作　　者　焦光纯　于永梅　主编

策划编辑　许晓婧　张秀环　　**责任编辑**　许晓婧

封面设计　李尘工作室

出版发行　中国农业大学出版社

社　　址　北京市海淀区圆明园西路 2 号　　**邮政编码**　100193

电　　话　发行部 010-62733489,1190　　读者服务部 010-62732336

编辑部 010-62732617,2618　　出　版　部 010-62733440

网　　址　http://www.caupress.cn　　**E-mail** cbsszs@cau.edu.cn

经　　销　新华书店

印　　刷　河北虎彩印刷有限公司

版　　次　2025 年 1 月第 1 版　　2025 年 1 月第 1 次印刷

规　　格　185 mm×260 mm　　16 开本　　9.5 印张　　229 千字

定　　价　30.00 元

图书如有质量问题本社发行部负责调换

任务三 水整地 …… 39
一、水整地农艺与作业质量要求 …… 39
二、水整地作业机械 …… 40
三、水整地作业方法 …… 42

模块三 水稻育秧机械化技术 …… 45

任务一 育秧前的准备 …… 45
一、提前扣棚 …… 45
二、种子准备 …… 46
三、秧盘等其他物资准备 …… 49
四、苗床准备 …… 50
任务二 机械化育秧 …… 56
一、秧苗素质要求 …… 56
二、软盘机械化育秧 …… 57
三、暗室叠盘机械化育秧 …… 59
任务三 育秧期管理 …… 64
一、管理工具 …… 64
二、温度计摆放 …… 65
三、秧田管理技术 …… 65

模块四 水稻插秧机械化技术 …… 71

任务一 水稻插秧机分类与性能 …… 71
一、插秧机分类 …… 71
二、高性能插秧机的特点 …… 73
三、插秧机对作业条件的要求 …… 74
任务二 水稻插秧机调整 …… 77
一、插植臂注油方法 …… 78
二、插植臂不运转 …… 78
三、相邻插植臂中有任一组不工作 …… 78
四、在工作中有一组插植臂不工作并发出“咔咔”声 …… 78
五、插植叉不弹出或弹出速度迟缓 …… 78
六、秧针(爪)磨损程度和标准取苗量检查调整 …… 78
七、取苗口与秧针(爪)间隙检查调整 …… 79
任务三 水稻机械化插秧 …… 82
一、机械插秧作业方法 …… 82
二、机械插秧技术要求 …… 83

目　　录

模块一　水稻栽培基础 …… 1

任务一　水稻生产概况 …… 1

一、水稻生产在国民经济中的意义 …… 1

二、世界水稻生产现状 …… 2

三、我国水稻生产现状 …… 2

四、水稻产区分布 …… 4

任务二　水稻生物学特性 …… 7

一、水稻的一生 …… 8

二、水稻的生育类型 …… 9

三、水稻温光反应特性 …… 9

四、水稻的生长发育及对环境条件的要求 …… 10

五、栽培稻的品种类型 …… 20

六、水稻产量的形成 …… 20

模块二　水稻田耕整地机械化技术 …… 25

任务一　翻地 …… 25

一、翻地的作用 …… 25

二、翻地作业实施要点 …… 26

三、翻地作业质量要求 …… 26

四、翻地作业常用机械 …… 26

五、翻地机械调整方法 …… 28

六、翻地作业方法 …… 29

任务二　旋耕 …… 33

一、旋耕的作用 …… 33

二、旋耕作业质量要求 …… 34

三、旋耕作业常用机械 …… 34

四、旋耕机操作方法 …… 34

五、旋耕作业方法 …… 35

三、机械插秧质量控制…… 84

模块五　水稻田间管理机械化技术 …… 88

任务一　水稻机械化植物保护 …… 88

一、水稻主要病害及其防治…… 88

二、水稻主要虫害及其防治…… 96

三、水稻主要草害及其防治 …… 105

四、化学施药方法与施药机械 …… 106

任务二　水稻机械化施肥 …… 114

一、肥料种类 …… 114

二、水稻施肥技术 …… 115

三、施肥机械 …… 116

任务三　水稻田灌溉技术 …… 120

一、井灌要求 …… 121

二、灌水时间 …… 121

三、灌溉技术 …… 121

模块六　水稻收获及秸秆处理机械化技术 …… 125

任务一　水稻机械化收获 …… 125

一、水稻收获适期 …… 125

二、水稻机械化收获机械 …… 126

三、水稻机械化收获技术要求 …… 128

四、水稻秋收减损关键技术 …… 129

任务二　水稻秸秆机械化处理 …… 134

一、水稻秸秆机械粉碎还田 …… 134

二、水稻秸秆机械打捆 …… 135

参考文献 …… 140

模块一　水稻栽培基础

教学目标

知识目标

1. 了解水稻生产现状。
2. 了解水稻栽培的生物学基础。
3. 掌握水稻各生育时期的生长发育特点及对环境条件的要求。

能力目标

1. 能够对水稻生产情况进行调查。
2. 能够划分水稻各生育时期。

任务一　水稻生产概况

任务描述

水稻是世界上最为重要的粮食作物之一，是全球约50%人口的主粮。全世界每年种植水稻约21亿亩(1亩≈667 m^2)，我国水稻种植面积占世界的20%，总产量世界排名第一，单产与发达国家相比有一定差距，提高单产为我国水稻生产的发展方向。

任务资讯

一、水稻生产在国民经济中的意义

水稻是全球50%以上人口的主粮，也是世界上最为重要的粮食作物之一。在许多发展中国家，大米是碳水化合物、钙、锌等常量和微量营养素的主要膳食来源之一。大米是大多数亚洲国家的重要主食，世界上近90%的大米都是在这些国家消费的。我国水稻种植面积占谷物种植面积的30%左右，稻谷总产量占粮食总产量的40%左右。

水稻是高产作物，亩产千斤以至千斤以上都是常见的事情。一般水稻在水层以下生长，其生长条件很稳定，水稻本身具有通气组织，可以部分解决根系要求的氧气，缓和了土壤三相之间的矛盾，一般也不受天气的影响，旱、涝灾害少。人们可以通过灌水、施肥对水稻进行促控，便于进行高产栽培。据研究，在地力相仿、施同等肥料的情况下，水稻干物质积累量常较旱地作物多50%左右，经济系数也比其他粮食作物高。

水稻的适应性强。不论酸性土壤、轻盐碱土壤、沙土、黏土、排水不良的低洼沼泽地，还是其他作物不能适应的土壤，只要有水，一般均可栽培水稻或以水稻为先锋作物。

大米的营养价值较高，一般含有碳水化合物75%～79%，蛋白质6.5%～9%(少数品种最高含量可达 12%～15%)，脂肪 0.2%～2%，粗纤维 0.2%～1%，灰分 0.4%～1.5%。

稻谷加工后的副产品用途很广。米糠是家畜的精饲料，在酿酒及医学、化工上用途很广。稻草不仅可造纸、编织草袋和绳索等，还是一种很好的硅酸肥和有机肥。

二、世界水稻生产现状

全世界每年种植水稻约 21 亿亩，其中 91%集中在亚洲、4%在美洲、3%在非洲、欧洲和大洋洲各占 1%以下。亚洲水稻种植面积最大的国家是印度，为 6.75 亿亩，我国居第二位，面积为 4.51 亿亩。印度尼西亚和泰国的种植面积分别为 1.6 亿亩和 1.56 亿亩，也是重要的产稻国家，其中泰国稻米出口较多。日本有水稻 4 千万亩，生产水平较高。朝鲜、越南、缅甸、巴基斯坦、菲律宾和马来西亚也都是产稻国家。美洲水稻种植主要是巴西，此外美国、古巴、哥伦比亚、墨西哥也有种植，其中美国水稻生产机械化程度高。2020 年全球水稻种植面积排名前 10 国家(地区)情况对比见图 1-1，2020 年全球稻谷产量排名前 10 国家(地区)情况对比见图 1-2。中国水稻种植面积世界排名第二，稻谷产量世界排名第一。

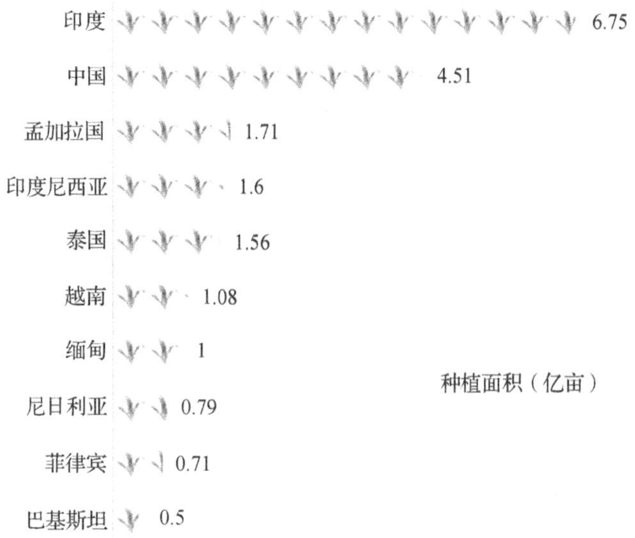

图 1-1　2020 年全球水稻种植面积排名前 10 国家(地区)情况对比

数据来源：国家统计局

三、我国水稻生产现状

水稻为我国三大粮食作物之一，我国有 60%以上的人口以大米为主食。2018 年之后，我国水稻种植面积开始呈现下降的态势。根据国家统计局数据显示，2019 年我国水稻播种面积为 29 666 khm^2，同比下降 1.6%。2020 年由于世界粮食危机逐渐显现，我国政府提出要严守耕地红线，使得我国水稻种植面积上升至 30 066.67 khm^2(图 1-3)。2021 年水稻种植面积 29 920 khm^2，稻谷产量 21 284 万 t，增产 0.5%(图 1-4)，黑龙江省稻谷总产量排名全国第一(图 1-5)。

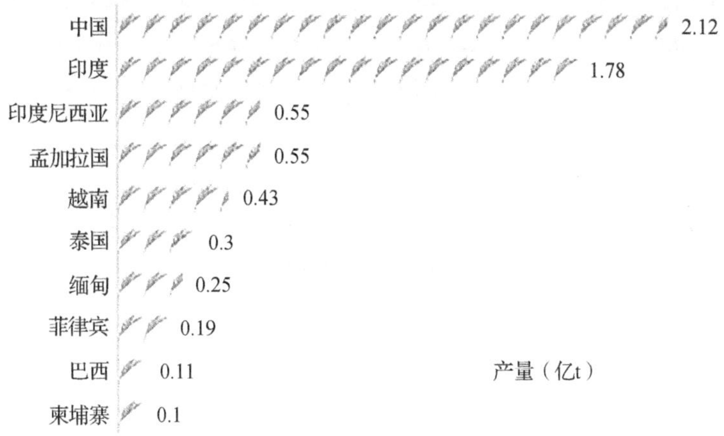

图 1-2　2020 年全球稻谷产量排名前 10 国家(地区)情况对比

数据来源:国家统计局

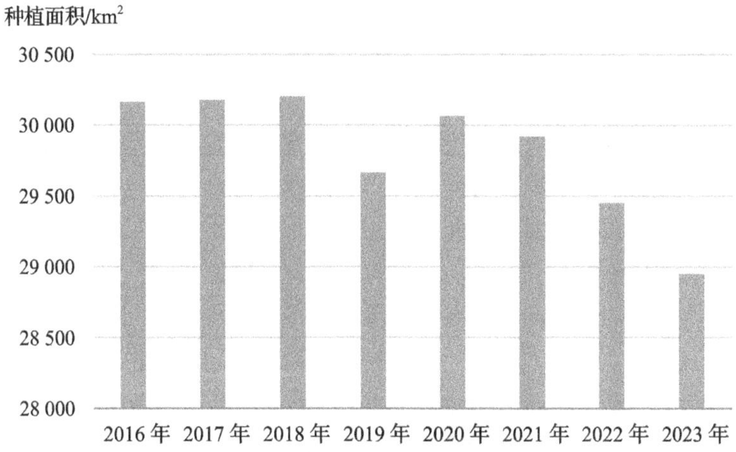

图 1-3　2016—2023 年我国水稻种植面积

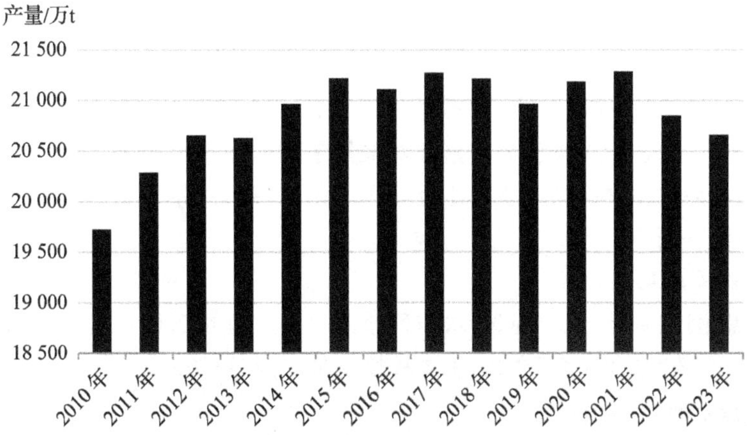

图 1-4　2010—2023 年我国稻谷产量

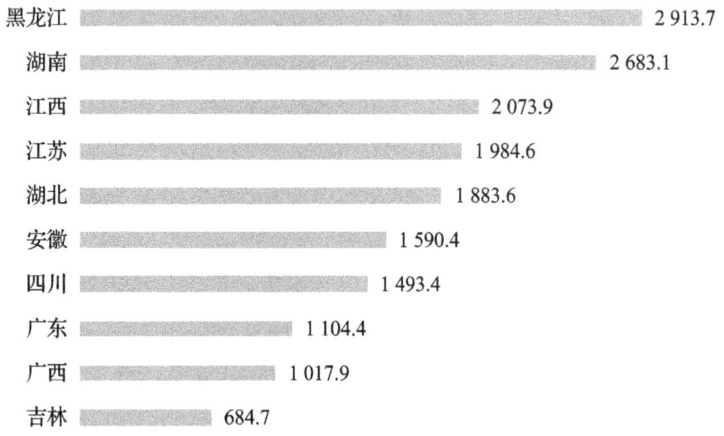

图 1-5　2021 年我国稻谷产量排名前 10 的省份(万 t)

四、水稻产区分布

中国水稻研究所根据种植水稻的自然生态条件和社会、经济、技术条件等方面，将中国稻区划分为 6 个稻作区和 16 个亚稻作区，各稻作区种植制度及品种类型对比见表 1-1。

1. 华南双季稻稻作区

该区为我国最南部，包括福建、广东、广西等地，水稻种植面积占全国的 17.7%。因水热资源最为丰富，其稻田种植制度是以双季稻为主的一年多熟制。实行稻—甘蔗(花生、薯类、豆类、烟叶等夏秋季旱作物)一年两熟，部分热带气候特征明显的地方，实行稻—稻—甘薯(大豆)一年三熟。

2. 华中双单季稻稻作区

该区含江苏、上海、浙江等地，水稻种植面积占全国的 68.1%。该区的稻米生产对全国粮食形势有着重要的影响。长江以南多为一年三熟或两熟制，以绿肥—稻—稻或大麦—稻—稻为主；长江以北多为一年两熟或两年五熟制，以麦—稻或油菜—稻为主。早稻多为常规籼稻品种，中稻多为籼型杂交稻组合，连作晚稻及单季晚稻以粳稻为主。

3. 西南高原单双季稻稻作区

该区位于云贵高原和青藏高原，水稻种植面积占全国的 7.8%，属于亚热带高原型湿润季风气候，稻田种植制度以单季稻为主，冬季休闲。

4. 华北单季稻稻作区

该区含北京、天津、山东等省市，水稻种植面积仅占全国的 3.3%。该区光、热条件好，有利于发展水稻生产，但自然灾害较为频繁且降水量年际间和季节间分布不均是种植水稻的不利因素，故本区水稻在粮食生产中所占比重不大。该区多为一年一熟，部分地区一年两熟，主要是麦—稻、油菜—稻等。

5. 东北早熟单季稻稻作区

该区包括黑龙江、吉林、辽宁等省，水稻种植面积占全国的 2.6%，是我国重要的水稻生产基地。该区是有名的“东北大米”产区，主要种植粳稻，一年一熟。

6. 西北干燥区单季稻稻作区

该区包括新疆、宁夏等地，水稻种植面积仅占全国的 0.5%。因地形地貌复杂，其中的盆地和平原是重要的粮食生产基地。该区种植水稻一年一熟，冬季休闲，翌年再种水稻或旱作（玉米、豆类、蔬菜）。

表 1-1　各稻作区种植制度及品种类型对比

稻作区	稻田种植制度	品种类型
华南双季稻稻作区	双季稻为主的一年多熟制	早籼，晚籼，少部分晚粳稻
华中双单季稻稻作区	双季稻三熟制与单季稻两熟制并存	早、中、晚籼，中、晚粳
西南高原单双季稻稻作区	单季稻为主	中、晚籼，中、晚粳
华北单季稻稻作区	一年一熟或两年三熟或一年两熟	中粳，中籼，杂交稻
东北早熟单季稻稻作区	一年一季稻	特早熟、早熟、中熟、迟熟早粳
西北干燥区单季稻稻作区	一年一季稻	早熟、中熟、晚熟早粳，早熟中粳

任务实施

水稻生产情况调查

（一）目的要求

了解当地或熟悉地区 3 种水稻主栽品种的种植面积、总产和单产情况，主要性状特性等。

（二）材料用具

任务单、电子设备、问卷等。

（三）方法步骤

查阅资料或问卷调查，了解当地 3 种水稻主栽品种的种植面积、总产和单产情况。主要性状特征、种植模式等，并填入表 1-2 水稻生产情况调查任务单。

表 1-2　水稻生产情况调查任务单

地点	品种	种植面积	单产	总产	性状特征	种植模式

（四）考核标准

水稻生产情况调查考核标准见表 1-3。

表 1-3　水稻生产情况调查考核标准

序号	考核内容	考核要点	分值	评分标准	扣分	得分
1	材料用具准备	材料准备齐全	20	缺一项扣 1 分		
2	调查 3 个主栽品种	调查 3 个品种并且均是主栽品种	20	调查品种少一个扣 5 分，不是主栽品种一个扣 5 分		
3	种植面积、单产、总产	种植面积、单产、总产调查信息准确、科学	20	种植面积、单产、总产调查信息不准确、不科学 1 项扣 2 分		

续表 1-3

序号	考核内容	考核要点	分值	评分标准	扣分	得分
4	性状特征	各品种性状特征表述准确完整	20	各品种性状特征表述不准确或不完整一项扣 2 分		
5	种植模式	调查当地水稻主要种植模式信息符合实际情况	20	调查当地水稻主要种植模式信息不符合实际情况扣 1～10 分		

案例分析

黑龙江垦区水稻标准化生产水平在全省以及全国都起到了引领作用，特别是机械化水平、产量增幅、标准化作业等方面都达到了较高水平，但水稻生产进一步发展的空间还很大，在现有较高的生产水平中还存在不均衡的一面，请分析黑龙江水稻生产还存在哪些问题，如何保障水稻生产进一步发展的空间。

知识拓展

栽培稻种的起源

栽培的水稻在植物学上属于禾本科(Gramineae)稻属(*Oryza L.*)。目前，世界上稻属植物有 20 多个种，但栽培稻只有 2 个种，即普通栽培稻(*Oryza satiza L.*)和非洲栽培稻(*Oryza glabarrima Steud.*)。普通栽培稻又称亚洲栽培稻，叶片及颖壳上有茸毛，叶舌长而尖；非洲栽培稻叶舌短而圆，叶片及颖壳上无茸毛，称为光稃稻。两种种间杂交，F_1 代完全不育。普通栽培稻丰产性好，类型多，世界各地均有栽培。非洲栽培稻耐瘠薄，但丰产性差，只限于非洲一带栽培，逐渐被普通栽培稻取代。

栽培稻是由野生稻经过长期的自然选择和人工选择演变来的。许多学者研究认为栽培稻种起源于沿喜马拉雅山南麓的印度阿萨姆、尼泊尔、缅甸北部、老挝和中国西南。我国华南很多地区都有野生稻，包括普通野生稻(O. rufipogon W. Griffith)、药用野生稻 (O. officinalisWall. ex Watt)和疣粒野生稻 (O. meyswlana Baill)。其中普通野生稻分布最广，一些特征特性与我国栽培的籼稻相近，杂交容易结实。说明普通野生稻与普通栽培稻的亲缘关系相近，是我国栽培稻种的祖先。

思政园地

中国人的饭碗要牢牢端在自己的手里

粮稳天下安，“手中有粮、心中不慌”在任何时候都是真理。越是连年丰收之际，越要居安思危在心。严防死守耕地红线，坚决遏制耕地“非农化”，防止“非粮化”，推动耕地保护高质量格局；不断优化农产品结构，确保潜在危机“早发现”，推进“严查处”，增强粮食生产抗风险能力。只有提升粮食安全意识，压实粮食安全责任，才能将粮食安全的根基筑得更加牢固。

在今天的中国，“从自身做起、从当下做起、从小事做起，为守护粮食安全做出应有的贡献”

日益成为全社会的共识。2021 年 4 月 29 日，十三届全国人大常委会第二十八次会议表决通过《中华人民共和国反食品浪费法》，并自公布之日起施行，更是自此将厉行节约、弘扬传统美德、保障粮食安全、防止食品浪费上升到了法治层面。粮食安全是国家安全非常重要的一部分。只有把饭碗端在自己手中，面对危机和各种挑战时，才能多一分从容不迫，稳定粮食生产就要保护好耕地这个“压舱石”，守住红线。通过地力保护政策、高标准农田建设支持、农用器械补贴等强农惠农，强化政策保障，进一步释放发展红利，增强农民归属感，让农民愿意种地，稳住粮食安全根基。

保障粮食安全要藏粮于技，强化农业技术对于粮食安全的支撑作用，用先进的技术、先进的知识推广最优质的栽培技术，逐步推进机械化作业，让农业生产效率更高、成本更小。国以民为本，民以食为天。一米一饭关系国家安危、人民幸福。回望过往，中国依靠自身力量端牢自己的饭碗，实现了由“吃不饱”到“吃得饱”，并且“吃得好”的历史性转变。这既是中国人民自己发展取得的伟大成就，也是为世界粮食安全做出的重大贡献。展望未来，以人民对美好生活的向往为奋斗目标，牢固树立总体国家安全观，深入实施国家粮食安全战略和乡村振兴战略，进一步加强粮食生产能力、储备能力、流通能力建设，推动粮食产业高质量发展，我国粮食之基更牢靠、发展之基更深厚、社会之基更稳定。

任务小结

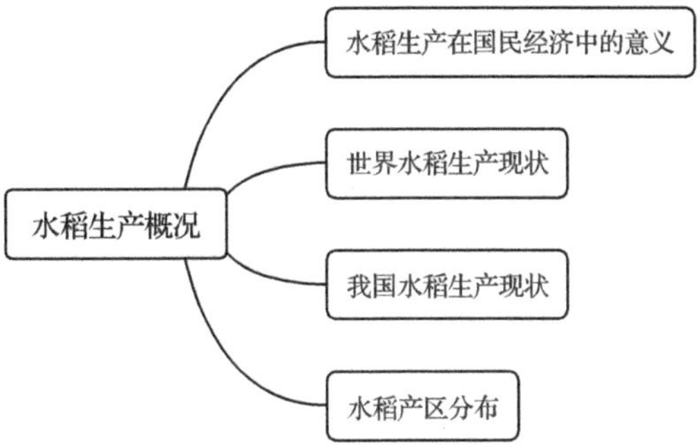

任务练习

1. 我国稻区划分为哪几个稻作区？
2. 简述水稻生产在国民经济中的意义。
3. 你认为将来会出现哪些水稻副产品加工产业？

任务二　水稻生物学特性

任务描述

在水稻的一生中，根据植株外部形态变化和内部生理变化的特性，可将其划分为不同生育时期，每个生育时期的生长发育特点不同，对环境条件的要求也各不相同，只有了解各生育时期的生长发育特点，针对其特点采取适当的促控措施，才能获得理想的产量。

任务资讯

一、水稻的一生

水稻的一生是指从种子萌发到新种子成熟的生长发育过程。根据器官发生的特点，水稻的一生可划分为以发芽、生根、长叶、增蘖为主的营养生长和以长穗、开花、结实为主的生殖生长两个阶段。黑龙江省栽培的水稻在拔节之前就开始幼穗分化，即有一段营养器官和生殖器官同时生长的时期，这一时期称为营养生长和生殖生长的并进阶段(图 1-6)。

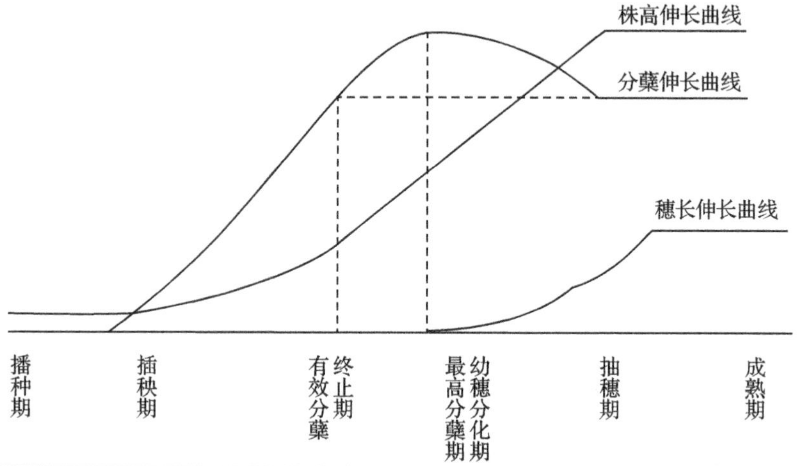

<table>
<tr><td>幼苗期</td><td>秧田分蘖期</td><td colspan="3">分蘖期</td><td colspan="3">幼穗发育期</td><td colspan="3">开花结实期</td></tr>
<tr><td colspan="2">秧田期</td><td>返青期</td><td>有效分蘖期</td><td>无效分蘖期</td><td>分化期</td><td>形成期</td><td>完成期</td><td>乳熟期</td><td>蜡熟期</td><td>完熟期</td></tr>
<tr><td colspan="5">营养生长期</td><td colspan="3">营养生长与生殖生长并进期</td><td colspan="3">生殖生长期</td></tr>
<tr><td colspan="2"></td><td colspan="3">穗数决定阶段</td><td colspan="3">穗数巩固阶段</td><td colspan="3"></td></tr>
<tr><td colspan="2"></td><td colspan="3">粒数奠定阶段</td><td colspan="3">粒数决定阶段</td><td colspan="3"></td></tr>
<tr><td colspan="2"></td><td colspan="3"></td><td colspan="3">粒重奠定阶段</td><td colspan="3">粒重决定阶段</td></tr>
</table>

图 1-6　水稻的一生

(一)水稻的生育期

水稻的生育期指从出苗到成熟所经历的日数。生产中按生育期的长短常把水稻分为早、中、晚熟品种。黑龙江省早熟品种生育期为 100～110 d，中熟品种生育期为 110～130 d，晚熟品种生育期为 130 d 以上。

生育期的长短，是品种的遗传特性，但是会随环境条件的改变而变化。一般而言，同一品种，播种越早，生育期越长，播种越迟，则生育期缩短。海拔相同纬度不同时，同一品种的生育期随纬度的降低而缩短，随纬度的升高而延长。纬度相同海拔不同时，同一水稻品种的生育期则随海拔的升高而延长，随海拔的降低而缩短。另外，栽培措施也会使生育期发生改变，一般密植的生育期缩短，稀植生育期延长；多施氮肥比多施磷钾肥生育期延长；沙质壤土种水稻比黏质壤土种水稻的生育期缩短。所以，在种稻购种时，既要考虑品种特性与当地的自然条件是否吻合，又要考虑种子产地与当地地理位置的差异。

(二)水稻的生育时期

在水稻的一生中，根据植株外部形态变化和内部生理变化的特性，可将其划分为：

①幼苗期 包括萌动、发芽、三叶等期。

②分蘖期 包括始期、盛期、末期(最高分蘖期)以及决定穗数关键时期的有效分蘖终止期。

③穗分化期(长穗期) 包括穗分化各期、拔节期以及外观看到剑叶鞘膨鼓时的孕穗期。

④结实期(成熟期) 包括抽穗开花期、乳熟期、蜡熟期(黄熟期)和完熟期。

每个生育时期的生长发育特点不同,对环境条件的要求也各不相同,只有了解各生育时期的生长发育特点,针对其特点采取适当的促控措施,才能获得理想的产量。

二、水稻的生育类型

水稻的生育类型是根据开始幼穗分化和开始拔节的先后关系划分的,据此可分为重叠型、衔接型和分离型 3 种生育类型。

①重叠型 拔节前开始幼穗分化,分蘖期与长穗期有一段重叠时期。这类品种地上部仅有 3～4 个伸长节间,幼穗分化早,营养生长期偏短,黑龙江省栽培的水稻属此类型。在种植时,应促进前期早生快发,增加光合作用能力,延长光合作用时间,提高产量。

②衔接型 幼穗分化和拔节同时开始,即在停止分蘖时便开始幼穗分化,分蘖期与长穗期相衔接。

③分离型 开始拔节之后,间隔 10～15 d 才开始幼穗分化,即分蘖期和长穗期相隔一段时间。这类品种具有 6 个或 6 个以上的伸长节间。

三、水稻温光反应特性

水稻的生育期因品种不同有明显差异,这是不同品种对温、光不同反应的结果。水稻的生育期包括营养生长期和生殖生长期两个时期。不同品种的生殖生长期即从幼穗开始分化到成熟的日数差异不大,品种间生育期长短的不同,主要是由于营养生长期的差异。

水稻的营养生长期,又可分为"基本营养生长期"和"可变营养生长期"。基本营养生长期是水稻在任何环境下,为了植株正常发育所必需的营养生长日数;可变营养生长期则是可因环境而变动的营养生长日数。在影响水稻可变营养生长期的环境因素中,主要是温度和日照时数。水稻是喜温作物,一定的高温可以缩短营养生长期,提早幼穗分化,低温则可以延长营养生长期,延迟幼穗分化。这种特性称为水稻的"感温性"。一般说来,水稻又是短日照植物,短日照可以缩短营养生长期,提早幼穗分化;长日照则能延长营养生长期,延迟幼穗分化。这种特性称为水稻的"感光性"。而在高温和短日照处理下都不能再缩短的营养生长期,便是基本营养生长期,这种特性称为水稻的"基本营养生长性"。基本营养生长性和感温性、感光性合称为水稻的三性。不同品种三性的强弱是不一样的,品种生育期的长短是由三性的强弱所决定的。水稻原产热带,具有要求高温、短日照的发育特性,当它们扩展到不同地区、不同季节栽培后,由于温度、日照条件发生了变化,在长期自然选择和人工选择的作用下,形成了适于当地光温条件的不同类型和品种,这就是水稻三性的形成原因。黑龙江省栽培的水稻品种属于感温性强,而感光性迟钝的类型。

掌握水稻的三性,熟悉不同品种各个生育时期所需的积温范围,根据当地常年气温、日照变化情况,便可预计分蘖、穗分化、出穗等生育进程和出现时期,便于实行水稻计划栽培和采取相应的栽培管理措施。在生产上引入新品种时,也必须掌握品种的光温反应特性。由于在水稻生长季节内，从南到北温度由高变低，日照由短变长，所以南种北引会延迟成熟，要考虑安全齐穗的问题；北种南移将使营养生长期缩短，提早成熟，要考虑能否高产问题。一般来说，同纬度、同海拔条件下引种成功的可能性较大。在育种上可用于调节花期相遇。利用高温短日照处理杂交后代，加速世代繁殖，缩短育种年限。

四、水稻的生长发育及对环境条件的要求

(一)种子萌发

1. 种子的构造

成熟的谷粒，生产上常称为种子。水稻的种子属颖果，千粒重一般为 25～30 g，由颖壳和糙米两个部分组成。水稻种子的构造如图 1-7 所示。

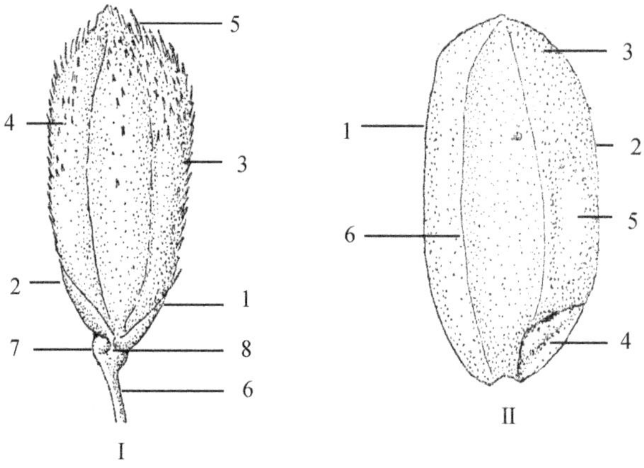

图 1-7 水稻种子的构造

Ⅰ. 稻谷：1-第一护颖 2-第二护颖 3-外颖 4-内颖 5-茸毛 6-小穗梗 7-副护颖 8-小穗轴

Ⅱ. 糙米：1-背面 2-腹面 3-胚乳 4-胚 5-腹白 6-沟纹

(1)颖壳

由两个互相钩合着的内颖和外颖构成，内外颖呈尖底船形，有的品种外颖的尖端延伸形成芒，其长短因品种而异，最长的可达 6～7 cm。内外颖的重量约占种子总重的 15%。内颖、外颖、芒和颖尖的颜色及芒的长短是识别品种的重要标志。

(2)糙米

谷粒去掉颖壳后即为糙米，糙米表面光滑，成熟时呈白色或半透明，也有红色、紫色和黑色的，未成熟的糙米呈绿色。糙米除包在外边的薄薄的果皮外，主要由胚乳和胚两部分构成。胚乳重占种子总重量的 83%，胚乳内存在着大量的营养物质，这些营养物质，一方面用于维持种子自身生命活动需要；另一方面提供种子萌发和幼苗初期(3 叶期前)生长所需的养分。因此，大而饱满的种子是培养壮秧的基础。糙米对外颖的一面叫作腹面，腹面呈白色不透明的部分叫作腹白，中心部分同样呈白色不透明的部分叫作心白；胚位于腹面基部，是种子最重要的部分，一旦胚受损坏或丧失生活力，就完全失去种用价值。胚虽然只占种子总重的 2%，但含有大量的高能营养物质，这些物质是水稻生理上必需而又活跃的高度生理活性物质。胚由胚芽、

胚轴、胚根和盾片等组成。胚芽在胚轴的上端，由生长点 3 个叶原基和胚芽鞘构成，胚根在胚轴的下端，发芽后将形成种子根，胚轴是连接胚芽和胚根的部分，在胚的内侧，位于胚和胚乳之间。着生于胚轴一侧的盾状物是盾片，盾片靠胚乳一侧的外层细胞称为上皮层细胞。种子萌发时，由于上皮层细胞内酶的活动，使胚乳中的营养物质分解，并将分解后的养分吸收，转运到胚的生长部位，供胚细胞分裂与生长的需要。

2. 种子的萌发过程

种子休眠后，在适宜的温度、水分和充足的氧气条件下，开始生长的过程叫作萌发。当胚根或胚芽开始突破外颖基部出现白点时，称为“破胸”。在一般情况下，胚芽鞘首先突破种皮，胚根也随即长出。种子破胸后，胚根、胚芽继续生长，当胚芽长度达到种子长度的一半，胚根长度达到种子长度时，称为“发芽”。发芽过程如图 1-8 所示。

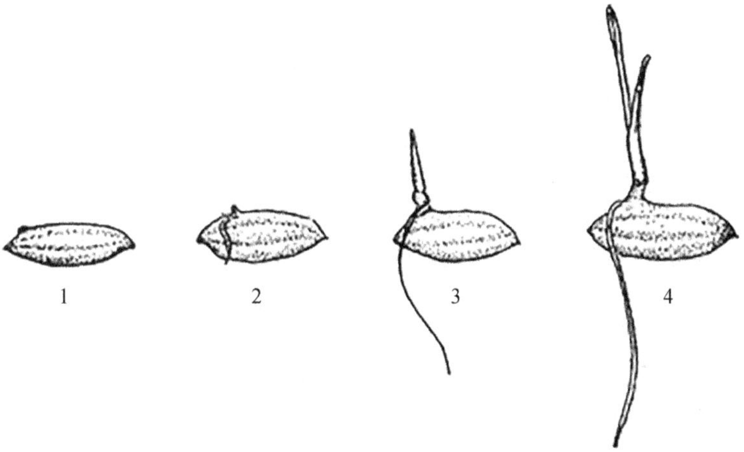

图 1-8　水稻种子的萌发过程

1-破胸　2-出幼根幼芽　3-芽鞘成长　4-不完全叶长成，开始出现第 1 完全叶

3. 影响种子萌发的因素

(1)内部因素

一是种子成熟度，种子越成熟，发芽率越高；未成熟的种子，不但发芽率低，而且幼苗发育也差；二是种子的寿命，也就是水稻种子生活力持续的年限或者说种子保持发芽率的年限，水稻种子的寿命与种子成熟度及种子贮藏条件等有密切的关系。未成熟的种子，其生活力低，发芽速度缓慢，在萌发过程中容易霉烂。种子贮藏时含水量过高，或者受潮、发热、霉烂或受冻，胚的生活力都将受到影响，甚至完全失去生活力，导致不发芽。

(2)外界条件

①水分　水分是水稻发芽的先决条件，当种子吸收自身重量 25% 的水分时可以开始萌发，但非常缓慢，当种子吸收自身重量 35%～40% 的水分时才能正常萌发。最适萌发吸水量为种子饱和吸水量的 70%。种子吸水的速度与温度有关，在 10～40 ℃范围内，吸水速度随水温升高而加快。当水温为 10 ℃时，达到饱和需 90 h 以上；当水温为 25 ℃，则需 48～72 h；当水温达 30 ℃时，只需 40 h 左右。所以，在低温条件下浸种时间应适当延长，以确保种子吸收足够的水分。

②温度　种子吸足水分后，还必须在一定的温度条件下才能萌发。据测定，黑龙江省栽培的水稻种子萌发的最低温度为 9～10 ℃，但发芽缓慢，萌发的最适温度为 25～30 ℃，在这样的

温度条件下，发芽整齐健壮，当温度达到30～35 ℃时，虽然萌发速度较快，但芽的长势弱，种子发芽的最高温度为40 ℃，超过40 ℃就会抑制幼根、幼芽的伸长，时间过长，还会灼伤幼根和幼芽而减弱种子的发芽力。因此，春季播种前水稻催芽时，要防止种堆温度过高。

③氧气　随着水稻种子萌发的进展，呼吸作用逐渐增强，种子萌发对氧气需求量逐渐增加。如果缺氧，种子内将产生酒精和二氧化碳等有毒物质，使芽、根不能正常生长。所以，在催芽过程中，要求种堆不能过厚，水分不能过多，温度不能过高，且要勤翻动，使种子均匀受热通气，以防酒精中毒，导致烂籽烂芽。

水稻种子的萌发，必须有氧气参加。但胚芽在无氧或少氧条件下比有氧条件下伸长快，所以，在淹水条件下，常常是芽长得快，根长得慢，而在氧气充足条件下，则常常是根长得快，且发达。即所谓的"干生根，湿长芽"现象。

(二)幼苗期

1. 幼苗期的生长

水稻从出苗到第3片完全叶展开的时间叫作幼苗期，但育苗生产中把秧田期也叫幼苗期。水稻种子萌发后生出1条种子根，同时，胚芽向上长出白色而挺立的芽鞘，此时称立针期。接着，从芽鞘中伸出1片只有叶鞘而无叶片呈绿色的筒状不完全叶，当不完全叶长达1 cm时，称出苗(俗称现青或放青)。出苗后2～3 d，从不完全叶顶端伸出第1片完全叶，该叶出现后，陆续长出5条次生根形成初生根系，如图1-9所示。其主要作用是吸收水分、养分并保持幼苗直立。这时，幼苗体内通气组织尚未完善，因此，苗床或田面上不宜建立水层，以促进初生根系的形成和立苗，防止倒秧、烂秧。第1片完全叶展开后，第2片、第3片完全叶相继长出。同时，在不完全叶的叶节上长出5～6条次生根，如图1-10所示。当第3片完全叶展开时，胚乳中的养分几乎消耗殆尽，幼苗由胚乳供养转变为独立营养，所以，3叶期又叫"离乳期"。这时，幼苗根中已基本形成通气组织，从此以后，苗床或田面可以经常保持浅水层。

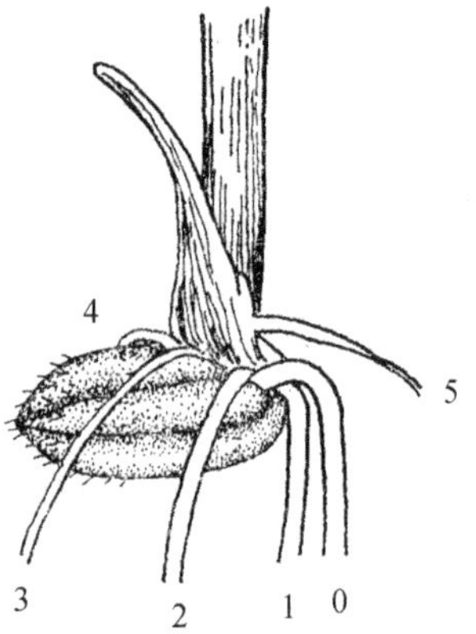

图1-9　水稻的初生根系

0-种子根　1～5-次生胚根

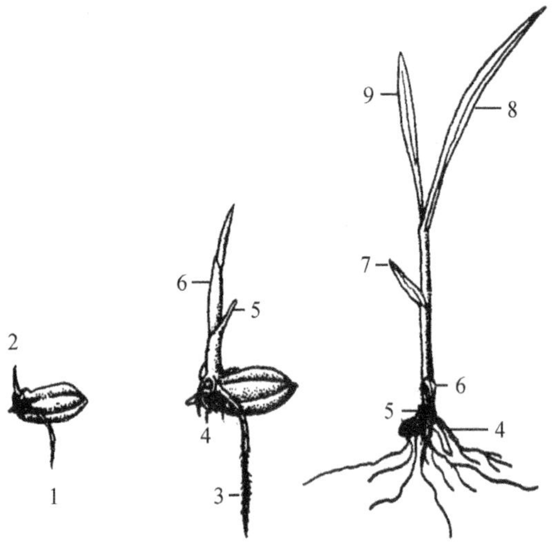

图1-10　水稻幼苗的生长

1-胚根　2-胚芽　3-种子根　4-节根　5-芽鞘　6-不完全叶

7-第1片完全叶　8-第2片完全叶　9-第3片完全叶

2. 影响幼苗生长的因素

(1)温度

在恒温条件下,粳稻出苗的最低温度为 12 ℃,超过 15 ℃时,出苗比较正常,幼苗生长顺利。一般以日平均气温在 20 ℃左右,对培育壮秧最为有利。此外,幼苗的耐低温能力,随着叶龄的增加而减弱,粳稻的耐寒力较强。水稻 3 叶期以前受冻指标是:出苗前可耐 0～1 ℃的低温、苗床面为－3～－2 ℃,出苗到 3 叶期,可耐 3～5 ℃的低温、苗床面为 0 ℃。3 叶期以后,受冻指标为:最低气温 5～7 ℃、苗床面 2～4 ℃。

(2)水分和氧气

幼苗在适宜的水分条件下,因氧气充足,根的呼吸作用良好,生长较快,且根毛多,吸收面积大,进而使幼苗生长健壮;而在淹水条件下生长,因氧气缺乏进行缺氧呼吸,消耗大量体内物质,明显抑制新生幼根的形成和幼苗的生长,导致幼苗生长停滞或发育畸形。因此,在幼苗根部通气组织形成前,不能长期淹水。秧苗 3 叶期以前,需水较少,一般除防冻外,不需建立水层。

(3)养分

幼苗期所需养分主要来源于种子的胚乳,当水稻生长到 3 叶期时,胚乳中养分几乎消耗殆尽,此时,苗小叶少,根系吸收能力弱,幼苗抵抗能力差,极易遭受大风、低温、营养供应不足及各种病虫的危害,造成烂秧死苗。因此,在生产中应于 3 叶期前提早施用离乳肥,这是培育壮秧的有力措施。但是,过多施用氮肥,幼苗叶片浓绿,软弱下披,体内正常的新陈代谢失调,长势反而不壮,容易感病;磷能促进根系发育、蛋白质的合成和同化物质的转移;钾有壮秆作用,而且,在低温弱光情况下,磷、钾能增强稻苗的抗寒力。因此,应适量施用氮肥,并配合磷钾肥,效果较好。

(4)光照

3 叶期以前,幼苗主要靠胚乳供养生长,但光照不足幼苗白化细弱。3 叶期以后,光照的强弱对秧苗素质影响很大,光照不足,叶色较淡,叶鞘和叶片生长细长,幼苗纤弱,在完全遮光的条件下,叶绿素不能形成或遭到破坏而枯死。因此,育苗时应选择光照条件好的秧田,播种时还应掌握适当的播种量。

(三)分蘖期

水稻茎的分枝叫作分蘖。分蘖与否是水稻个体发育好坏的重要标志。在合理密植条件下,争取低位蘖的早生快发是获得大量有效分蘖、提高产量的重要技术措施。

水稻第四片完全叶生长的同时,开始发生分蘖。从开始分蘖到开始拔节这段时间称为分蘖期。水稻产量靠群体创造,如果没有分蘖,很难达到高产目的。因此,分蘖对水稻产量的形成有很大影响。分蘖期生长的特点是:分蘖的增加及以分蘖为中心的发根、出叶、茎的长粗等营养生长的进行。分蘖期是决定单位面积有效穗数的关键时期,是为水稻穗发育奠定物质基础的时期。

1. 分蘖发生的过程

黑龙江省栽培的水稻品种,主茎上一般有 9～14 个节,但伸长的节间只有 3～5 个。基部密集的能够发生分蘖的节群叫分蘖节。每个分蘖节都有 1 个腋芽叫分蘖芽,如果条件适宜,都可以发育成分蘖。在插秧栽培中,由于秧田密度过大,基部 1～4 节的分蘖芽往往处于休眠状态,不发生分蘖,只长叶、长根,称为节根。分蘖多发生在 5～7 节上。直播栽培或者旱育稀植育苗，由于播种浅或者幼苗生长条件良好，分蘖位较低，第一节即可产生分蘖。由主茎发生的分蘖是一级分蘖，由一级分蘖上发生的分蘖为二级分蘖，二级分蘖上还可产生三级分蘖。除旱育稀植和超稀植外，直播栽培和插秧密度过大，很少发生二级分蘖。

分蘖在主茎节上发生的节位叫分蘖位。着生节位较低的叫低位分蘖，着生节位较高的叫高位分蘖。分蘖由下而上依次发生，低位分蘖发生得早，往往形成有效分蘖，且穗型较大，高位分蘖发生得晚，容易形成无效分蘖。一般来说，在主茎拔节时，只有1～2叶的分蘖一般都将成为无效分蘖；具有3叶的分蘖已有成穗的可能；4片叶以上的分蘖，基本上都能成穗。当全田10%的植株发生分蘖时叫分蘖始期；50%的植株发生分蘖叫分蘖期；分蘖增加速度最快的时期叫分蘖盛期，分蘖盛期的主茎叶龄等于主茎总叶数的1/2；当田间总茎数同收获的有效穗数相等的日期称有效分蘖终止期。主茎有效分蘖发生的临界叶龄期等于主茎总叶数与伸长节间数之差。如黑龙江省主栽品种垦稻12号，主茎总叶数为12片，有4个伸长节间，则其有效分蘖发生临界叶龄期为8叶。所以，8叶的同伸蘖($n-3$)即主茎第5节分蘖为最高位的有效分蘖，以后再发生的分蘖将成为无效分蘖，有效分蘖发生的临界叶龄期以后为无效分蘖期，应抑制无效分蘖的发生。当全田分蘖数达到最多的日期，称为最高分蘖期，以后由于无效分蘖消亡，田间部茎数下降，所以最高分蘖期也就是分蘖终止期。

2. 叶的生长

黑龙江省水稻一般为9～14片叶，前3叶在苗期形成，穗分化期生出后4片叶，其余叶片在分蘖期形成。

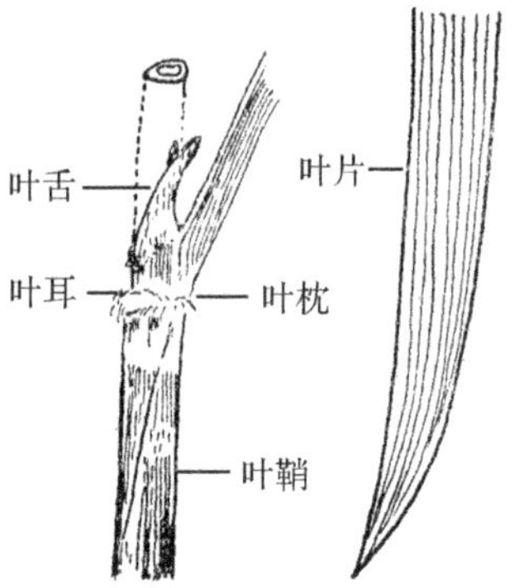

图1-11　水稻叶的结构

(1)叶的构成

每株水稻上有两种叶，一种是发芽后从芽鞘中抽出的、只有叶鞘没有叶片的叫不完全叶；另一种是由叶鞘、叶片、叶耳、叶舌及叶枕构成的完全叶，如图1-11所示。

(2)叶的生长

黑龙江省栽培的水稻苗期每3 d左右生出1片叶，分蘖期4～5 d生出1片叶，其中第5叶生出略快，第3、第4叶略慢，生殖生长期6～7 d生出1片叶，多者可达9～12 d。

叶的长度以倒数第3叶最长，向两端渐渐变短，叶片长度受该叶伸长时体内养分浓度及环境条件的影响。分蘖末期正是最长叶的生长期，要防止该叶徒长，改善群体内光照条件，预防倒伏。水稻不同位置叶的寿命不同，第1～3叶只有10多天，分蘖期生出的叶为20～40 d，拔节后生出的叶寿命在40 d以上，剑叶寿命最长可达50～60 d。

3. 根的生长

分蘖期是水稻次生根系形成的主要时期。根的生长与叶的生长之间是$n-3$的同伸关系，即第n叶伸出，第$n-3$叶节不但发生分蘖，同时发根。以后每增加1片叶，就发生一轮新根，每层根5～20条。分蘖茎长到3片叶后，同主茎一样，每增加1片叶，增加1层根。主茎次生根与分蘖茎形成的根构成了水稻强大的吸收系统。水稻的发根力随生长不断变化，出苗后30 d生根速度最快，40～50 d发根力最强，最高分蘖期后15 d，总根量达到一生的最高峰。分蘖期是根量增长的重要时期，因此，应进行机械中耕除草以切断部分老根，促进新根发生，有利于壮根。

水稻75%～85%的根分布在10 cm以内的耕层中，90%分布在20 cm以内的耕层中。不同时期水稻根系形状不同。拔节前呈横椭圆形分布，拔节后展呈倒卵形。

4. 水稻的叶蘖同伸关系

由于分蘖的产生是靠主茎上的叶片提供养分，所以，分蘖的生长与主茎叶的生长存在着一定的关系，这种关系叫作叶蘖同伸关系。研究发现，分蘖的出现总是和主茎出叶相差3个节位，即主茎第 n 叶与第 $n-3$ 叶腋中的分蘖同时生长。以后主茎与分蘖茎上的叶数同步增长，即主茎增加一片叶，分蘖也增加一片叶。一级分蘖的出叶与二级分蘖的形成同样存在着这种同伸关系。

5. 影响水稻分蘖期生长的因素

(1)温度

温度不但影响发根及根系的吸收能力，还严重影响分蘖的发生。根生长的适宜温度为25～30 ℃。发生分蘖的最适气温为30～32 ℃，最适水温为32～34 ℃，气温低于20 ℃，水温低于22 ℃，分蘖就十分缓慢；气温低于15～16 ℃，水温低于16～17 ℃分蘖就停止发生；无论什么品种气温超过38～40 ℃，水温超过40～42 ℃，分蘖都将停止发生。黑龙江省栽培的水稻在营养生长期每生出一片叶需活动积温75～85 ℃。所以，分蘖期气温、水温高，有利于分蘖的早生快发，有利于营养体的生长。

(2)营养

分蘖期的营养状况影响分蘖的速度和数量。各营养中氮、磷、钾三要素对分蘖的影响最为显著，其中以氮的影响为最大。叶中氮素浓度在3.5%以上分蘖旺盛发生，2.5%以下停止分蘖；含氮量降低到1.6%时已经发生的分蘖将死亡。

(3)光照

水稻返青期后，需要充足的光照，以提高光合强度，增加光合产物，促使发根分蘖。如分蘖期阴雨天多，光照少，则光合作用不旺盛，同化产物减少，致使分蘖延迟发生，数量减少。光照强度越低，对分蘖的抑制越严重。据测定，自然光强条件下，返青后3 d开始分蘖；50%自然光强条件下，返青后13 d开始分蘖；在5%自然光强时，不发生分蘖。

(4)水分

分蘖期是水稻对水敏感的时期之一。为了争取足够的穗数，分蘖期不宜脱水，并以浅水为宜，以满足分蘖对水分、温度和空气的要求。分蘖期水分过多或过少，对分蘖均有抑制作用。缺水，则稻株生理机能减弱，因而分蘖迟发，分蘖数少；如稻田灌水过深，则降低泥温，减少土壤氧气，土壤还原物质增多，分蘖也受抑制。所以，无效分蘖期排水晒田能抑制后期无效分蘖的发生。分蘖期土壤水分状况对根系的生长有很大的影响，分蘖期水稻根中已形成发达的裂生通气组织，氧气可通过叶部气孔吸收后，输导到根部使根周土壤中的铁氧化成三价铁，呈红褐色，消除强还原性条件下有毒物质的毒害。如果土壤通透性差，灌水渗透量低，根际氧气不足，会影响根对磷、钾、硅的吸收，降低植株的抗性。

(5)插秧深度

插秧深度在2～3 cm比较适宜，超过此界限插秧越深，对分蘖发生的影响越大。深插由于分蘖节处在通气不良、温度较低的土层中，不利分蘖。插秧过深时，分蘖节下部节间伸长，形成“地中茎”把分蘖节送到上层适宜浅处，才能开始分蘖，使得分蘖发生迟缓，降低成穗率。

(四)拔节孕穗期

拔节孕穗期是水稻的营养生长与生殖生长的并进阶段，在叶数不断增长，节间伸长的同时，幼穗开始分化，发根力开始下降，根量不再增加，是产量形成的关键时期。

1. 茎的生长

黑龙江省种植的水稻茎有 9～14 个节，3～5 个伸长节间。分蘖期节密集在一起，节间没有伸长。进入拔节期，基部第一节间开始伸长，达到 1～2 cm 时称拔节。以后由下而上其他节间陆续伸长。当田间有 50%的植株拔节时，水稻进入拔节期。

水稻主茎的伸长节间数等于总叶数的 1/3。如 9 片叶的品种有 3 个伸长节间；10 片叶的品种有 3～4 个伸长节间，以 3 个伸长节间的类型为多；11～12 片叶的品种具有 4 个伸长节间，13 片叶的品种具有 4～5 个伸长节间，以 4 个伸长节间的类型为主；14 片叶的品种具有 5 个伸长节间。水稻茎基部第一节间开始伸长，即拔节开始的倒数叶龄值等于伸长节间数减 2。如垦稻 12 号有 4 个伸长节间，其第一节间伸长应在 11 叶(倒 2 叶)抽出过程中，即第 11 叶期为拔节始期。生产中为了控制基部节间的伸长，防止倒伏，肥水效应一定要发挥在拔节始期叶龄期之前，而采取控制措施应在稍前叶龄期进行。

水稻茎的伸长前期较慢，出穗前 20 d 左右开始加快，到出穗前几天最快，开花期停止生长。

2. 穗的分化与发育

(1)穗与颖花的结构

稻穗为圆锥花序。穗的中央有一主轴称穗轴，穗轴上有 8～10 个节，节上着生一次枝梗，穗轴基部着生枝梗的节叫穗颈节，穗颈节上的枝梗轮生。穗颈节到剑叶叶耳间为穗颈，如图 1-12 所示。一次枝梗上分生出二次枝梗，一次枝梗上着生 5～6 枚小穗，二次枝梗上着生 2～4 枚小穗。每个小穗是 1 朵可孕花。水稻颖花由花药、花丝、柱头、花柱、子房、内颖、外颖、鳞片、护颖、小穗轴、副护颖、小穗柄构成，如图 1-13 所示。

图 1-12 水稻的穗

1-穗节 2-穗轴 3-一次枝梗
4-二次枝梗 5-颖花

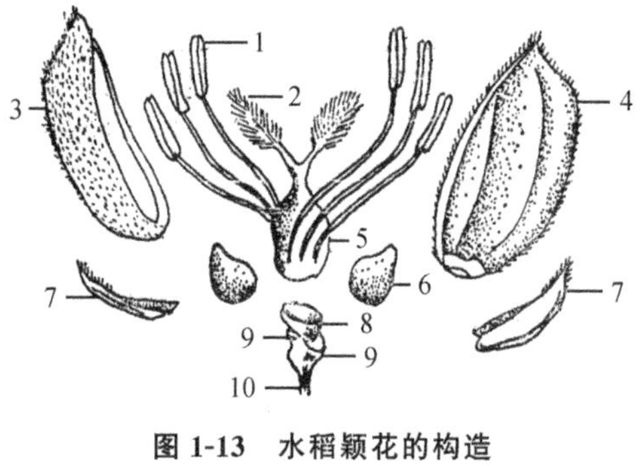

图 1-13 水稻颖花的构造

1-花药 2-柱头 3-内颖 4-外颖 5-子房 6-鳞片
7-护颖 8-小穗轴 9-副护颖 10-小穗柄

(2)穗的分化与发育

水稻幼穗分化发育是一个连续的自然变化过程,它将经过第一苞分化期、一次枝梗原基分化期、二次枝梗原基分化期、颖花分化期、花粉母细胞形成期、花粉母细胞减数分裂期、花粉内容物充实期、花粉完成期八个时期才能完成发育,形成籽粒。

水稻幼穗分化所经历的时间,因品种和栽培条件而有所不同。黑龙江省水稻幼穗分化的时间变动在28～33 d。

(3)影响穗分化的因素

①温度　幼穗分化期是水稻一生中对温度反应最敏感的时期。幼穗发育最适温度25～30 ℃,在一定范围内温度高穗分化速度快,分化过程缩短;温度较低,穗分化延长,颖花较多。温度低于19 ℃不利于粳稻穗分化。

②水分　穗分化期水分不足,会导致颖花大量退化并产生不孕花而减产,因而生产中以建立水层为宜。

③光照　在枝梗分化期和颖花分化期如果光照不足,则已形成的枝梗和颖花退化,推迟性细胞成熟,不孕花增多。

④养分　穗分化期是水稻一生中需肥最多的时期,吸收氮、磷、钾占一生吸收量的一半以上,特别是氮素对穗分化影响最大。叶片含氮量高,分化形成的颖花多;叶片含氮量低,则颖花少,谷壳容积也小,最后形成的籽粒也小,产量低。

(五)开花结实期

水稻从抽穗到结实成熟的整个过程,是抽穗结实期。其长短与温度高低有关,黑龙江省的水稻品种一般为40～50 d。抽穗结实期是生殖生长阶段,是决定粒数、粒重和最终产量的时期。

1. 抽穗、开花

水稻幼穗发育完成以后,稻穗顶端伸出剑叶叶鞘外时,称抽穗。一穗自穗顶露出剑叶叶鞘至全穗抽出4～5 d。一株水稻的抽穗次序是主茎先抽穗,再依各分蘖发生的迟早而依次抽穗。自开始抽穗到全株或全田抽齐,一般7～12 d。生产上要求“抽穗一刀齐”。抽穗若不整齐,成熟也不一致,影响水稻的产量和品质。因此,生产上要选择抽穗整齐的品种,加强田间管理,使植株生长健壮、整齐。当稻田有10%植株出穗时称为始穗期,有50%出穗时称抽穗期,有90%出穗时称为齐穗期。一般从始穗到齐穗需1～2周。水稻正常开花时期到成熟的齐穗时期称为安全齐穗期。在黑龙江省寒地水稻栽培中,日平均气温稳定在20 ℃以上,3 d平均气温不低于19 ℃的天气,即可安全齐穗。所以,栽培上要合理安排密度及肥水管理,以确保抽穗快而整齐,达到适期成熟的生产目的。

在正常条件下,稻穗抽出剑叶的当天或经1～2 d即可开花。1个颖花的内外颖开始张开到闭合的过程,叫作开花。水稻属自花授粉作物,异花授粉率仅在1%以内。

水稻的开花顺序是主穗先开,然后按分蘖先后次序依次开花。1个稻穗,最上枝梗先开花,再依次向下;1个枝梗,顶端第一朵颖花先开,以后从枝梗基部的花朵依次向上开,顶端第二朵花最后开。先开的花叫优势花,所结的谷粒饱满,后开的花叫弱势花,常因灌浆不足而形成青米、劣米、秕粒米,甚至因未受精而成为空粒。一天中水稻开花的时间因品种、气候等条件而异。黑龙江省正常情况下,9—10时开花,11—12时最盛,到14—15时开花停止,1个稻穗从初花到终花需5～8 d。

2. 灌浆、结实

花粉落在柱头上 2～3 min 萌发，受精在开花后 18～24 h 完成。受精后，胚及胚乳开始发育，养分自茎叶向子实转运，子房开始逐渐膨大，进入灌浆、结实阶段。开花后 4～5 d，幼胚已经分化，并开始灌浆。从灌浆开始谷粒增长很快，一般开花后 7～8 d 可达最大长度，3～10 d 可接近最大宽度，约 15 d 后接近最大厚度。此时米粒基本定型，以后是胚乳的充实，进入成熟过程。

3. 影响抽穗开花及灌浆结实的因素

(1)影响抽穗的因素

正常天气，稻穗从剑叶叶露出到全穗抽出需 4～5 d。其中，以第 3 天伸长最快。不同类型品种间，抽穗快慢有所不同，早熟品种抽穗快，晚熟品种抽穗慢；气温低或肥水不足抽穗慢，且易出现“包颈穗”而影响产量和质量。气温高则抽穗快，抽穗的最适温度是 25～35 ℃，过高或过低均不利于抽穗。据研究，水稻安全齐穗的平均气温必须在 20 ℃以上，最低气温在 15 ℃以上。

(2)影响开花的因素

开花期适宜温度为 30 ℃，高于 37 ℃花药易干枯，不利于授粉。低于 20 ℃开花缓慢，低于 17 ℃则不开花，而形成秕粒。水稻扬花期，黑龙江省常有冷空气侵入，所以说“水稻扬花，怕刮西北风”。阴雨或低温天气，不利于授粉受精。

(3)影响灌浆结实的因素

①温度　灌浆期的适宜温度为 25～32 ℃，在 15 ℃以下灌浆极为缓慢，秕粒或青米增加，水稻在 13 ℃以下灌浆将完全停止，空粒增加。在生产中，把气温降低到 15 ℃的日期作为成熟的后期界限。在开花后 25 d 里，日平均 20 ℃，白天最高气温在 26 ℃以上，夜间不低于 16 ℃的气温条件，有利于灌浆，成熟后的籽粒饱满，腹白小，产量高。

②水分　开花期和乳熟期生理活动旺盛，对水分要求很迫切，水分不足会使叶片落黄早衰，光合能力减弱，减少养料的制造和输送，结实率降低，籽粒不饱满。

③养分　水稻开花受精后，植株由穗的发育转向种子的发育，但为了维持茎叶生机不衰，特别是为了供给灌浆结实的需要，还需吸收部分养分。据研究测定，谷粒物质的 2/3 以上都来自抽穗后的光合产物。因此，这一时期要防止功能叶片早衰，提高光合效率，同时田间仍应有一定数量的速效养分，但不能过多，尤其速效氮不能过多，以免稻株贪青徒长而影响结实。

4. 空粒与秕粒

水稻空粒的产生主要是花粉母细胞在减数分裂期受低温危害，使雄性不育，及开花期遇低温危害，影响受精而造成的。一个是生殖器官发育不全，更普遍的是花粉发育不正常而导致的空粒；另一个是因外界条件不良，使开花受精受到影响，或者使受精后的子房停止生长而导致空粒。因此，空粒可分两种，即未受精空粒和受精空粒。另外，高温、多湿、大风、氮肥偏多等也能增加空粒的产生。防止措施主要是，在选用抗低温、生活力强、结实率高的品种的基础上，结合适期播种、插秧、适量施用氮肥等栽培措施，使其在适宜的条件下正常开花，促使其适期成熟。

水稻秕粒是开花受精后，在籽粒形成过程中停止发育的半实籽粒。水稻秕粒率一般在 15%左右，严重者可达 30%以上。形成原因：一是养分供应不足，使得器官发育延迟，影响物质向籽粒的运输；二是灌浆期遇高温(35 ℃)或者低温(15 ℃)都会形成或增加秕粒；三是气象条件和栽培条件的不适宜也可导致秕粒的形成。如开花结实期阴雨连绵，刮大风，密度过大、过早封行、氮肥偏多及病虫危害等，都会使秕粒增加。预防措施：首先应培育壮根苗，通过改土和肥水管理，促使水稻生育后期形成大量的强壮根系，为地上部进行光合作用奠定良好基础；其次在生育后期，要保持足够的绿色面积和理想的受光态势，以不断制造干物质，减少秕粒的形成，提高产量。

（六）成熟期

1. 水稻的成熟过程

根据谷粒内容物的形态和颖壳颜色，水稻的成熟过程可分为乳熟、黄熟（蜡熟）和完熟 3 个时期。

（1）乳熟期

谷粒内有白色乳状浊液出现可作为乳熟期的开始，白色浊液表示有淀粉蓄积。之后白色浊液由淡转浓，再由浓变硬，最后浆液消失，如蜡状，谷壳转黄，谷粒背面仍为绿色，谷粒形状大致完成，此时乳熟期结束。乳熟期对产量影响最大，是产量形成的关键时期，因为谷粒干重在这个时期急剧增加，占谷粒全重的 2/3 以上。因此，生产上，应尽量满足其光合产物的形成和向穗部运输所需要的条件。

（2）蜡熟期

乳熟期结束后 8 d 左右，谷壳呈黄色，谷粒硬固，背部浅绿色逐渐消失至最后背面纵沟完全褪色时为止，蜡熟期结束。

（3）完熟期

谷壳颜色完全变黄，先端谷粒转变白色，谷粒坚硬，不易破碎，干物质积累达最大值，这个时期为 7 d 左右。

因谷粒在穗上着生的位置不同，养分积累有先有后，并由于成熟期气候的变化，使养分不可能均匀分布到谷粒每一部分，所以会出现秕粒、半实粒及腹白、心白等现象。有的谷粒因生育途中得不到足够的养分而停止发育，形成“青米”或胚乳呈灰白色的“死米”。

2. 影响水稻成熟的因素

（1）温度

谷粒成熟的最适温度是 21～25 ℃，过高过低都会造成不同程度的减产。谷粒成熟时昼夜温差大对成熟有利。灌浆期温度每低 1 ℃，成熟期推迟 0.5～1 d。

（2）光照

谷粒成熟时期的光照弱对产量影响很大。一般来说，抽穗以后光照好的年份，收成就好；长期阴雨，产量则较低。

（3）水分

空气湿度及雨量对谷粒成熟有重大的关系。谷粒在灌浆时期含有大量水分，当天气晴朗，空气相对湿度低，蒸腾作用强烈，谷粒含水量就减少，有利于有机物合成。如果阴雨连绵，光照不足且空气湿度大，蒸腾作用进行慢，谷粒水分不易向外散失，影响有机物合成。土壤水分对谷粒蛋白质含量有较大影响。

（4）氮肥

抽穗期以后施用氮肥对产量起很大作用。施用合理，可以加强光合作用，获得高产；施用不当，反而减产。水稻抽穗后，不同器官的同化物都集中向穗运输，但当氮肥施用过多时，器官中的氮含量提高，稻体内较多的碳水化合物就用在与含氮化合物形成氨基酸方面，运到谷粒的糖就少，影响谷粒充实度；同时，氮肥过多时，茎叶徒长，叶茎中保留较多的同化物，运到谷粒的同化物就相对减少，造成秕粒增多。因此，施用氮肥过多会使结实率降低，千粒重下降，成熟延迟，产量下降，如果造成倒伏，将造成更大损失。

五、栽培稻的品种类型

(一)籼稻和粳稻

籼稻与粳稻是在不同温度条件下形成的两个亚种，籼稻主要分布在秦岭、淮河以南的平原，粳稻主要分布在秦岭淮河以北及以南的高寒山区。籼稻是最早由野生稻演变成栽培稻的基本类型，分布在热带、亚热带的平川地带，具有耐热、耐强光的习性，粒形细长，米质黏性较弱，叶片粗糙多毛，颖壳上毛稀而短，易落粒。粳稻是人类将籼稻由南向北、由低处向高处引种后，逐渐适应于低温气候下生长的生态变异类型，具有耐寒、耐弱光的习性，粒形短而大，米质黏性较强，叶片少毛或无毛，颖壳毛长而密，不易落粒。由于粳稻耐寒耐弱光，所以，黑龙江省栽培的水稻品种为粳稻。

(二)早稻、中稻和晚稻

从纬度上看，我国的水稻南起海南三亚(北纬 18°)，北至黑龙江黑河(北纬 52°)，如此广泛的纬度分布，造成水稻对温度和光照反应的多样性变异。早稻、中稻和晚稻是水稻适应不同光照条件产生的变异类型。全生育期从播种到成熟在 130 d 以内的叫早稻或早熟种，130～150 d 的为中稻或中熟种，150 d 以上的叫晚稻或晚熟种。

(三)水稻和陆稻

陆稻是由水稻演变来的、适应干旱地栽培的“地土生态型”，陆稻与水稻相比，其发芽力强，耐旱力强，米质较差。陆稻和水稻在形态、生理、生态上的差异，一般在缺水状况下表现出来。陆稻叶色较淡，叶片较宽，谷壳较厚。陆稻品种可以在水田种植，而水稻品种一般不适于在旱地种植。

(四)糯稻和非糯稻

非糯稻是米粒的胚乳中含有较多直链淀粉的水稻类型。籼稻、粳稻都有非糯稻和糯稻之分。非糯稻米粒因含有一定量的直链淀粉，煮出的米饭质地干、胀性大，饭粒不易黏结成团。糯稻是由非糯稻发生基因突变而形成的变异类型。籼稻和粳稻、早稻和晚稻都有糯性的变异，一般粳糯的黏性强于籼糯。糯米的胶稠度极软，米的胀性小，煮出的米饭黏结成团。

六、水稻产量的形成

(一)水稻产量构成因素

水稻产量是由单位面积穗数、每穗总粒数，结实率和粒重等因素构成。水稻产量各构成因素是在水稻生育过程中，按一定顺序在不同时期形成的。

秧田期是奠定水稻高产基础的时期。秧苗素质的好坏，在相当程度上决定了栽插后半个月内秧苗的发根能力、叶片的功能、分蘖发生的快慢与性状等。同时对穗数的形成也有很大影响。

分蘖期是决定穗数的关键时期。穗数的多少，决定于栽插的基本苗数和单株的分蘖成穗数。群体质量栽培的核心就是要在保证一定穗数的前提下，提高成穗率，以培育足够数量的壮株大蘖，搭好丰产架子。

拔节长穗期是决定每穗粒数的时期。每穗的结实粒数是由分化的颖花数和退化颖花数之差决定的。促使每穗分化颖花数增加的时间，在颖花分化前；而影响颖花退化数，主要在花粉母细胞减数分裂期；抽穗前后主要影响空粒秕粒的多少。故拔节长穗期必须采取增粒措施。

结实期是决定粒重的重要时期，同时也影响结实率的高低。灌浆物质的多少决定于结实期光合产物量的多少，以及抽穗前茎鞘内储藏物质的多少。因此，结实期要尽可能保持高光合生产力的绿色群体。

（二）水稻高产群体的形态生理质量指标

①足够的颖花量是群体的主要经济和生理质量指标。积极提高单位面积总颖花量，是提高抽穗后群体光合效率与物质生产力的必需条件。

②群体抽穗至成熟期内高光合效率和物质生产能力是群体质量的本质特征。稻谷产量主要决定于抽穗后群体的光合生产量。

③群体在适宜叶面积范围内，粒叶比[用颖花粒/叶(cm^2)、实粒/叶(cm^2)或粒重(mg)/叶(cm^2)表示]是库、源关系协调发展的一个综合指标。当叶面积相同时，粒叶比越高，产量越高。因此，控制与稳定最适叶面积提高粒叶比，是增强抽穗至成熟期光合生产力的根本途径，是高产群体质量最主要的数量特征。

④调节好抽穗期最大叶面积的适宜范围，提高抽穗成熟期的有效叶面积率和高效叶面积率是群体光合生理质量的一个重要外表指标。

⑤群体抽穗期的单茎茎鞘重是扩库、强源的重要质量指标。

⑥颖花根活量[水稻结实期群体根活量(根量与活力的乘积)/总颖花量]是抽穗至成熟期根系对群体质量的最佳表述指标。

⑦提高茎蘖成穗率是优化高产群体质量的基本途径。提高茎蘖成穗率也是高产群体苗、株、穗、粒合理发展的综合性指标。

任务实施

水稻生长发育动态观察记载

（一）目的要求

通过定点观察，系统掌握水稻出叶和分蘖动态的观察记载方法，掌握水稻主要生育时期的标准和观察记载方法。了解水稻出叶速度、分蘖动态及叶蘖同伸规律。

（二）材料用具

水稻植株、标志杆、折(直)尺、号码章(或套圈)、铅笔、记载本等。

（三）方法步骤

本实训项目为全程系统观察项目，一般需利用课余时间进行。

(1)出叶动态观察

要求每组2～3人，从秧田开始定点10株，进行系统观察记载，用号码章(套圈)标记叶龄，并将结果填入表1-4中。

表 1-4 水稻出叶动态观察记载

叶序	1	2	3	4	5	……
完全展开日期(月/日)						
株高/cm						
叶长/cm						
叶宽/cm						

(2)分蘖动态观察

在观察水稻出叶动态同时进行。要求记载一次分蘖的见蘖日期(分蘖叶露出叶枕达 1 cm 的日期)、主茎叶龄等,如中途衰亡,则要注明衰亡日期和亡蘖叶龄。每出一个一次分蘖,应挂上写明分蘖位次和日期的吊牌。将结果填入表 1-5 中。

表 1-5 水稻分蘖动态观察记录表

分蘖位次	1	2	3	4	5	……
见蘖时期						
主茎叶龄						
衰亡日期						
亡蘖叶龄						

(3)生育时期观察

在水稻发育过程中,对群体生育进程进行观察记载,并将结果填入表 1-6 中。

表 1-6 水稻生育时期观察记载

生育时期	播种期	秧田分蘖期	移栽期	大田分蘖期	拔节期	抽穗期	扬花期	乳熟期	蜡熟期	完熟期
(月/日)										

* 除播种期、移栽期和乳熟期、蜡熟期、完熟期外,均以 50%的稻株达到该期记载标准的日期为准

(四)考核标准(表 1-7)

表 1-7 考核标准

序号	考核内容	考核要点	分值	评分标准	扣分	得分
1	材料用具准备	材料准备齐全	20	缺一项扣 1 分		
2	出叶动态观察	观察方法正确,标记清晰,记载准确	20	观察方法不正确扣 1~10 分,标记不清晰扣 1~10 分、记载不准确扣 1~10 分		
3	分蘖动态观察	观察方法正确,标记清晰,记载准确	20	观察法不正确扣 1~10 分,标记不清晰扣 1~10 分,记载不准确扣 1~10 分		
4	生育时期观察	观察时间恰当,记载准确	20	观察时间不恰当扣 1~15 分,记载不准确扣 1~15 分		

续表 1-7

序号	考核内容	考核要点	分值	评分标准	扣分	得分
5	场地清理	操作场地(台面)干净整洁,物品摆放整齐,实训后物品归位	10	操作场地(台面)不干净整洁扣 1～3 分,物品摆放不整齐扣 1～3 分,实训后物品没有归位扣 1～3 分		
6	团队协作	各成员都积极参与,分工协作,任务完成快	10	有成员没参与一人扣 2 分,分工不明确、团队合作不佳扣 1～5 分,任务完成得慢扣 1～2 分		

案例分析

水稻早穗是水稻秧田期间幼穗分化,移栽到大田后过早抽穗的现象。该问题的发生将导致水稻株高明显降低,稻穗明显缩小,造成水稻大幅度减产。请分析水稻早穗的原因并提出防治措施。

知识拓展

黑色稻米(黑米)

黑米,禾本科稻属一年生草本植物。黑米呈黑色或黑褐色,稻粒外观长椭圆形,稻壳灰褐色。其根、茎、叶、壳、皮、胚、胚乳皆为黑色或紫色。每年一次秋季开稻壳。黑米又称黑粳米,因色素在果皮层的浓厚沉积,呈黑色和紫色而得名。

黑米原产中国,主要分布在中国西南高原地区,以云南、贵州、广东、广西较为集中。黑米喜欢温润的环境,肥水要求高且排水流畅,光照充足,土壤以冲积砂质黄壤为主。人工种植一般在 4 月中旬播种,秧龄 30 天时可移栽插秧。大部分繁殖方式为播种。

黑米以营养丰富、滋补保健而著称。李时珍《本草纲目》记载:黑米名为"梗谷奴",有"滋阴补肾,健脾暖肝、明目活血"之作用,被誉为"补血米""长寿米"。因其含有滋阴、益肾、补胃等多种食疗功能,历代均被列为"贡米",唐中宗时就有以黑米制成的"长生粥"为贡品进献。用黑米酿成酒,色呈黑色,其酒气芳香,味道香醇,也有生津补血之功能。用酸性提取的方式可以将黑米中的色素提取出来,用于染色,可染出红褐色,用黑米染色后的织物日晒色牢度非常好。

思政园地

杂交水稻之父——袁隆平

袁隆平,中国工程院院士,曾任国家杂交水稻工程技术研究中心主任,被誉为"杂交水稻之父"。先后荣获国家特等发明奖、首届国家最高科学技术奖、改革先锋、共和国勋章、世界粮食奖等 20 多项国际、国内大奖。

袁隆平热爱祖国、一心为民、造福人类的崇高品德,与中国共产党肝胆相照、同心同德的思想风范,与时俱进、勇攀高峰的创新精神,不畏艰险、执着追求的坚强意志,严以律己、淡泊名利的高尚情操,是当代中国人学习的楷模,更是新世纪呼唤的时代精神。

——第十届、十一届全国政协主席　贾庆林

袁隆平是一位真正的耕耘者。当他还是一个乡村教师的时候，已经具有颠覆世界权威的胆识，当他名满天下的时候，却仍然只是专注于田畴。淡泊名利，一介农夫播撒智慧，收获富足。他毕生的梦想，就是让所有人远离饥饿。

——中国科技评奖委员会

袁隆平从事杂交水稻研究已经半个世纪了，不畏艰难，甘于奉献，呕心沥血，苦苦追求，为解决中国人的吃饭问题做出了重大贡献。先生的杰出成就不仅属于中国而且影响世界。

——新华社

任务小结

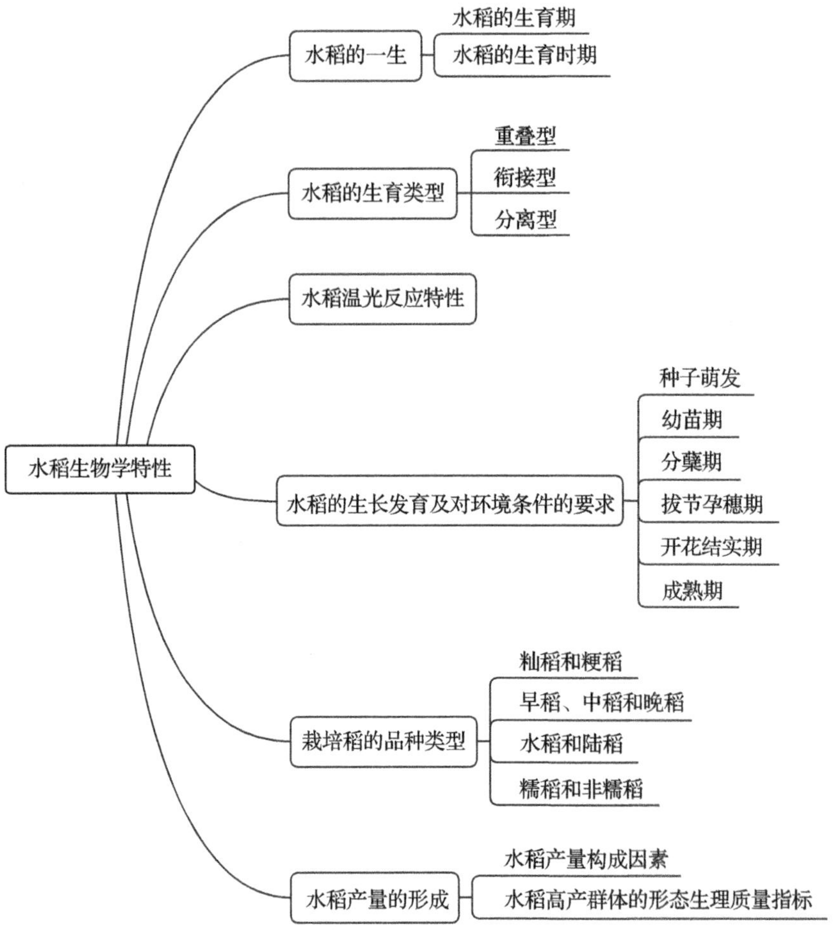

任务练习

1. 简述水稻温光反应特性在生产上的应用。
2. 根据水稻分蘖期对环境条件的要求，试分析应如何控制水稻的无效分蘖。
3. 试述稻苗发根、出叶的规律。
4. 影响稻穗分化发育的因素有哪些？
5. 简述水稻空粒与秕粒发生的原因及防止措施。

模块二　水稻田耕整地机械化技术

教学目标

知识目标

1. 了解不同耕整地方法的作用。
2. 了解常用耕整地机械种类及作用。
3. 掌握耕整地作业的实施要点。

能力目标

1. 能够按照作业质量要求进行耕整地。
2. 能够根据实际调整耕整地机械进行作业。

任务一　翻　地

任务描述

翻地可以松软土壤，调节土壤养分的垂直分布，有利于土壤营养物质的转化，加深耕层，降低病虫害和杂草危害，提高土地的蓄水保墒能力，是土壤耕作的基本措施。

任务资讯

一、翻地的作用

首先，翻地使土壤更加松软，有利于土壤营养物质的转化，使土壤更加的肥沃。其次，翻地可以加深耕层，使表面的杂草、害虫等翻到地下，降低了病虫害和因杂草旺盛而将农作物的营养成分汲取，使得农作物产量降低的现象发生。最后，翻地可以成功地将土地疏松并进行打碎，从而使得土壤更加细致化，能让土壤里的水、气等多种因素进行调节和改善，进而能提高土地的蓄水能力，保证了土壤的湿润度。

俗话说"秋天划破一层皮，胜过春天翻一犁"，宜秋翻且能秋翻则不春翻。水稻田在秋季进行整地，有很多好处。一是对土壤物理性质的改善，经过土壤耕作，可促进稻田含有的酸性和碱性物质脱盐碱或转化。二是秋整地能让田间的耕垡进行充分的冻晒，对耕层的风干作用明显，使得土壤耕层微生物活动加强，利于土壤分解。三是秋整地可以破坏土壤的毛细管，对增强透气性，防止水分散发，控制返盐碱，翻压杂草有很好的作用。四是秋整地能冻死虫卵，减少害虫的越冬基数，从而起到防虫目的。五是可以抢农时，争主动，缓解春耕时节劳力紧张状态，同时为早育苗、早泡田、早插秧、促苗早生快发创造条件。

二、翻地作业实施要点

翻地应根据地势、土质和土壤的适耕性等条件适时进行，一般含水量应为18%～25%，以不起干坷垃和明条为宜。春翻作业应在解冻层达到耕深要求时进行。耕深与土壤性质有关，应确定适宜耕深。雨前耕翻可深些，雨后可浅些；对排水良好，肥力较高的稻田，一般耕深15～18 cm为宜，水稻的根系主要分布在0～15 cm的土层内，约占总根量的90%以上，耕深15～18 cm完全能够满足高产水稻根系发育要求。耕得过浅，水稻根系分布浅，灌水不及时容易发生旱害，而且在高肥的条件下，容易发病和倒伏；耕得过深，由于稻田土壤上肥下瘦，上熟下生，把下边的盐碱、瘠薄、生土翻到地表，必然影响当年生产，轻则缓苗不良，重则僵苗死苗。砂碱地、旱改水地和排水不良的低湿地，要适当浅耕，一般12～15 cm为宜，因为砂碱地和旱改水地土壤细碎松散，如耕得过深，不容易风干熟化，也容易造成漏水漏肥，由于低湿田土壤长期处于还原状态，土壤养分不宜分解释放，适当浅耕容易把表土风干晒透，以利于通气供养，释放地力和洗净盐碱；对于新开荒地，必须浅耕，一般耕深10～12 cm为宜，这是因为浅耕能够使表层土壤风干晒透，利于脱净盐碱，保证插秧后正常缓苗；秸秆还田地块耕翻的深度要达到20～25 cm，表面不外露秸秆。

翻地不必年年进行，一般3～4年翻地一次为宜，翻地应当与旋耕法、免耕法相结合，实行轮耕制度，取长补短，趋利避害。如果每年都进行深翻会破坏水田的平整度和增加土壤中有机物的流失，并且增加生产成本。目前，大部分稻区采用的是翻、旋、旋、松四年一轮回；或翻、旋、耙三年一轮回；或旋、旋、翻三年一轮回等轮耕模式。

三、翻地作业质量要求

①耕深一致性　误差为±2 cm，耕深不一致率<5%。

②耕作直线度及耕幅一致性　耕堑百米直线度≤30 cm，耕幅一致，实际幅宽与设计幅宽误差为±4 cm。

③翻垡与覆盖率　立垡与回垡率<5%，残株杂草覆盖率>90%。

④地面平整度　垂直耕作方向10 m范围内的地表平整度5 cm。

⑤开闭垄要求　开闭垄距离>40 m，开垄宽度≤30 m，深度≤15 cm，闭垄高度≤10 cm。

⑥扣垡严密、深浅一致、不重不漏、不留生格。重耕率≤2%，漏耕率≤2.5%。

⑦地头、地边、地角都要耕起，池埂边要向内翻垡，不能向外翻垡。地头横耕整齐。

⑧秋翻地时尽量做到池埂不受破坏，对于破坏的池埂要及时修复，实现秋筑埂和池埂修复面积100%，确保雨水、融雪能够留在格田里不流失。

四、翻地作业常用机械

土壤黏重、土壤比阻大的地区，对耕作机械的动力性能要求较高。作为翻地作业动力机械的拖拉机，正在由中小功率(37.2 kW，50马力)以下向大功率(67.1 kW，90马力)以上过渡，由链轨式拖拉机向轮式拖拉机过渡。大功率四轮驱动轮式拖拉机将成为翻地作业的主要动力。翻地作业的配套机具主要是铧式犁。

常用的拖拉机有东风1204-1354系列拖拉机、华农1004-1304系列拖拉机、东方红1204拖拉机、福田雷沃1204-1354系列拖拉机、久保田954拖拉机等。

翻地作业常用的配套机械主要有悬挂五铧犁、驱动圆盘犁、铧式犁、偏置调心液压翻转犁等，其中以铧式犁为主。

（一）铧式犁

铧式犁（图 2-1）是一种传统的犁体形式，推广应用数量多、面积广。一般分为以下 3 种：与小型拖拉机配套使用的轻型铧式犁，耕作层一般在 15 cm 左右；与中型拖拉机配套使用的轻型铧式犁，耕作层在 18～28 cm；与大型拖拉机配套的重型铧式犁，耕作层在 30 cm 以上（图 2-2）。

图 2-1　一体式铧式犁

图 2-2　铧式犁耕翻作业

（二）液压翻转犁

液压翻转犁属于一种双向犁，采用 180°全翻式翻转犁，它用左翻和右翻两组犁体轮番作业，从而使土垡向同侧翻转，没有普通犁耕地形成的沟或垄，田面平整（图 2-3 至图 2-5）。另外，它在地头转弯时空行程少，工作效率高，因而得到了广泛应用。犁的翻转动作由液压油缸控制，在翻转时油缸收缩，使犁架翻转大约 90°，然后再伸长，犁架继续翻转，使另一侧犁体到达工作位置。

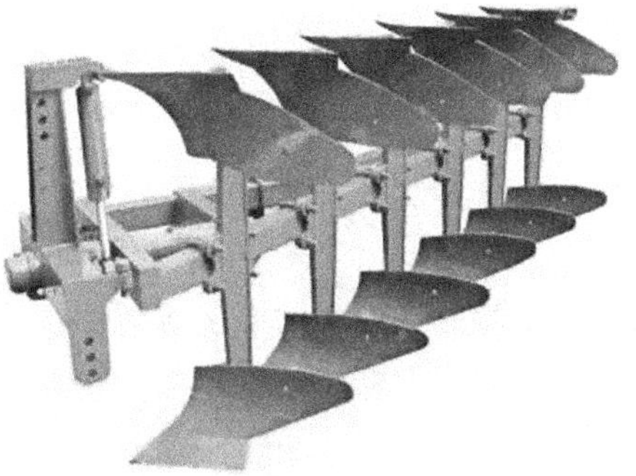

图 2-3　组合式双向液压翻转犁

图 2-4　栅条式双向液压翻转犁

图 2-5　双向翻转犁耕翻作业

(三)犁翻旋耕复式作业机

犁翻旋耕复式作业机(图 2-6)采用铧式犁深翻和旋耕机浅旋作业组合，一次进地，先将土壤深耕切割、破碎和翻转土垡，并将秸秆、杂草深埋入耕作层下，再将表层土垡打碎和平整，属于复式耕翻作业机具。可一次性完成机械深耕 16～20 cm、覆盖埋茬(草)、碎土、平整等多道工序联合作业。避免了铧式犁作业后的二次旋耕作业，有利于解决土壤板结问题和改善土壤理化性状；减少机器下田次数、能源消耗、机械对土壤的过度压实；降低作业成本和劳动强度，提高了作业效率，实现全量秸秆一次性还田覆盖率达到 85％以上(图 2-7)。

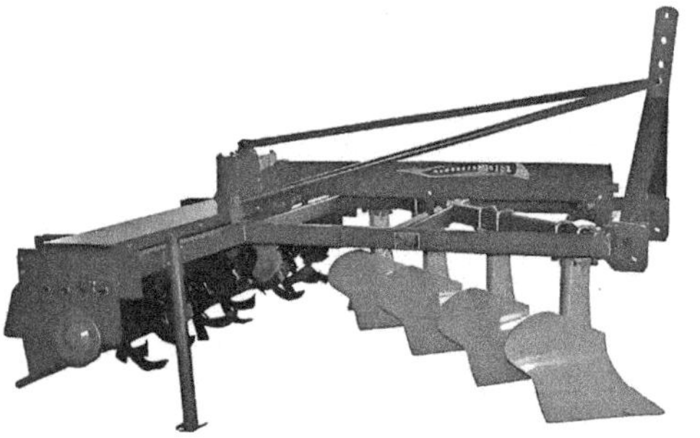

图 2-6　犁翻旋耕复式作业机

图 2-7　犁翻旋耕复式作业

五、翻地机械调整方法

(一)铧式犁调整方法

安装铧式犁的拖拉机轮距应与铧式犁耕幅相适应，使耕地过程中前犁的铧翼偏过拖拉机右轮内侧 10～25 mm，且拖拉机的左右下拉杆处于对称位置。此时铧式犁的阻力中心位于拖拉机的对称中心上。

铧式犁的耕深调节与配套拖拉机液压系统的形式有关。若为分置式液压系统，铧式犁的耕深则是通过改变犁上的限深轮高度来调节的。耕地时液压系统处于浮动位置。若拖拉机具有力、位调节的整体式和半分置式的液压系统，则可通过液压系统操纵手柄来调节铧式犁的耕深，手柄向下则耕深加大，反之则耕深变浅。

作业时铧式犁架必须保持纵向和横向水平，才能保证耕深一致。改变上拉杆的长度可以调整犁架的纵向水平。当铧式犁开始入土时应有一个入土角，即前犁铧尖着地时，铧式犁体与地面的夹角应为 3°～5°，待入土达预定耕深时，犁架应保持水平，调节右提升杆（或左提升杆）的长度，使犁架达到横向水平。

铧式犁耕地时必须保持第一犁的正常耕宽，使犁架的纵梁平行于机组的前进方向。当超出正常耕宽或出现漏耕时，可通过正位调节手柄转动悬挂轴，调整悬挂轴右端的曲拐向前，左端曲拐向后，使犁架纵梁相对前进方向向沟墙倾斜，因土壤压缩性较小，在耕地过程中靠沟墙对犁侧板的反力作用下，犁体向右摆动、犁架及 2 个下拉杆摆正，消除漏耕。当比正常耕宽窄（或出现重耕）时，可进行相反的调整。

（二）液压翻转犁调整方法

1. 横向水平调整

首先调整悬挂头架横梁的水平。使机组停于水平地面上，旋转拖拉机吊杆上的手柄，伸长或缩短吊杆的长度，使悬挂架横梁与地面平行。横梁距地面的高度依具体的耕深确定，耕深越大，横梁越低。然后调整犁架的水平。方法是调整犁悬挂头架上两端（也有的在其他部位）的调整螺栓，使左右两螺栓凸出横梁的高度一致，其凸出高度值依具体的耕深而定，耕深越大，凸出越多。通过以上调节，犁的横向水平基本上已得到保证。

2. 纵向水平调整

犁架的横向水平调整完成后就要在试耕中对犁架进行纵向水平调整。试耕时，观察犁的大架（或斜梁）是否水平，若前高后低，造成犁的大架体入土困难或耕得过浅，则应缩短上拉杆；反之，应伸长上拉杆。此时应注意，纵向水平调整是完成横向水平调整后，在保证横向水平状态的前提下进行的，其调整只限于调整上拉杆。若调整下拉杆使其长度发生变化，则势必造成整机犁架横向水平的破坏。此时即使犁架在一个耕作状态（如右翻）时达到了水平状态，也难以保证在另一个耕作状态（左翻）时能处于水平状态。

3. 耕深调整

通常情况下，翻转犁的额定耕深为 20～30 cm，一般耕深会有深浅之分，所以要对此进行调节。若耕深较浅，则调整翻转犁限深轮固定板限位支座螺栓，缩短螺栓，使限深轮向后倾斜，使犁架降低，达到增加深度的目的。若耕深太深，超过 30 cm，则用同样的方法，调整翻转犁旋长支座螺栓，使限深轮向前倾斜，使犁架升高，达到调浅的目的。

需要注意的是，调整翻转犁一面长度合适后，要把另一面翻转犁的螺栓也调整到同样的长度。除此之外，还可以通过调整固定板上的左右支座，使其上下移动，来调整限深轮的深浅。

六、翻地作业方法

作业方法有内翻法（闭垄法）、外翻法（开垄法）、有环节内外翻交替法、无环节套耕法和梭形耕法等。

（一）内翻法

机组从地块中心线左侧进入，耕到地头起犁，右（顺时针）转弯后在中心线右侧回犁，依次耕完整块地。耕后地块中间形成一个闭垄台，耕区两边有半个墒沟（图 2-8 左）。

(二)外翻法

机组从地块右边进入,耕到地头起犁,左(逆时针)转弯后到地块左边回犁,依次耕完整块地。耕后地块中间形成一个墒沟(开垄)(图 2-8 右)。

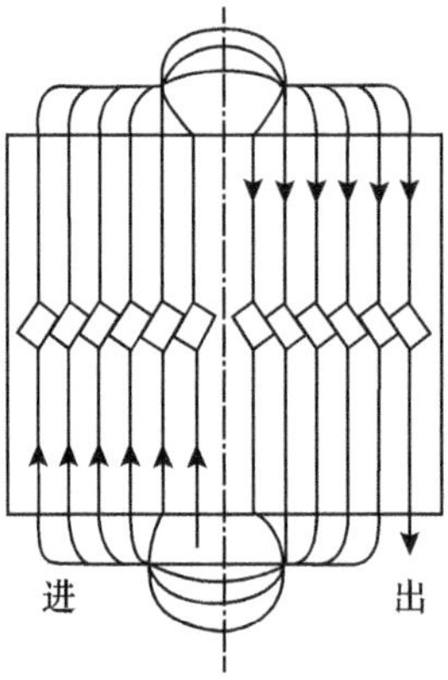

图 2-8　内翻法(左)和外翻法(右)示意图

(三)有环节内外翻交替法

在相邻几个作业小区内,依次交替地采用外翻法和内翻法进行。这种方法的特点是奇数区都采用内翻法,偶数区都采用外翻法。反之也可。耕后小区中间有一墒沟或垄台,而小区交界处无垄台或墒沟,地头转弯有环节,适宜于较大地块的耕作(图 2-9 左)。

(四)无环节套耕法

这种套耕法的特点是地头转弯无环节,故适宜于宽而短的地块。根据驾驶习惯和地形情况又可以分为内翻套耕和外翻套耕等不同形式(图 2-9 右)。

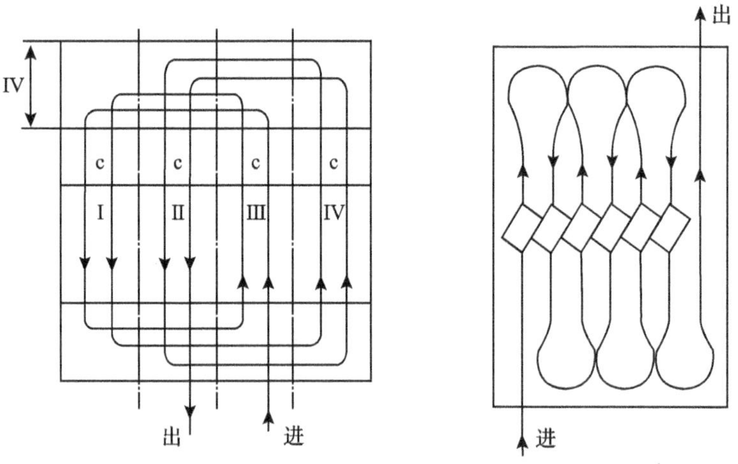

图 2-9　有环节内外翻交替法(左)和无环节套耕法(右)示意图

CⅠ-作业区 1　CⅡ-作业区 2　CⅢ-作业区 3　CⅣ-作业区 4

(五)梭形耕法

若选用双向犁耕作,则通常采用梭形耕法。在离地边一半耕幅处进入,采用内翻法。返回时拖拉机轮胎走犁沟,采用外翻法,把上一趟内翻土回原处。之后一直采用外翻梭形耕作法(图 2-10)。

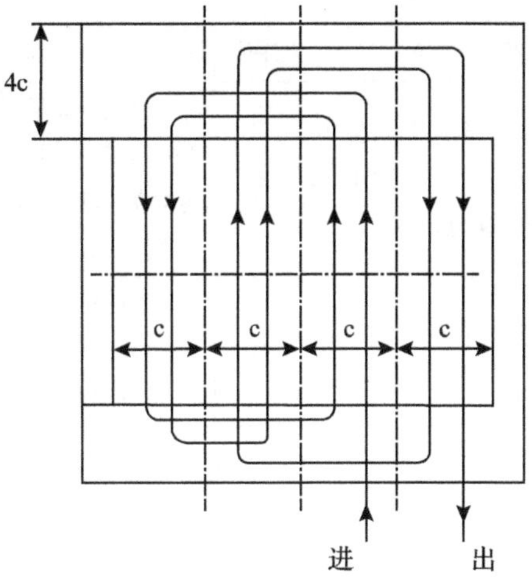

图 2-10　梭形耕法示意图

c-作业区

任务实施

水稻田耕作及质量检查

(一)目的要求

了解土壤耕作类型及各自特点、作用，根据当地实际情况选择适宜的耕作方法，能够采用正确的方法对耕作结果进行检查，科学评价耕作质量的优劣。

(二)材料用具

拖拉机、配套的农机具、测深尺、直尺。

(三)方法步骤

(1)耕作方法的选择　根据当地作物类型和生产要求确定耕作方法。

(2)耕作时期的选择　就某一块地的生产确定适宜的耕作时期。

(3)土壤耕作　结合学院实训基地，进行土壤耕作。

(4)土壤耕作质量检查　学生分组，按照标准对耕作情况进行质量检查。

(四)考核标准(表 2-1)

表 2-1　考核标准

序号	考核内容	考核要点	分值	评分标准	扣分	得分
1	材料用具准备	材料准备齐全	10	缺一项扣 2 分		
2	耕作方法选择	耕作方法选择科学准确	20	耕作方法选择不适应土壤情况或生产需求扣 10 分		
3	耕作时期选择	了解土壤宜耕期，耕作时期选择恰当	20	耕作时期选择不当扣 10 分		
4	机械土壤耕作	机械土壤耕作操作规范	20	插秧机分类不准确一项扣 5 分		

续表 2-1

序号	考核内容	考核要点	分值	评分标准	扣分	得分
5	土壤耕作质量检查	土壤耕作质量检查方法正确、标准执行严谨,检查项目全,记录规范准确	20	土壤耕作质量检查方法不正确扣1～5分、标准执行不严谨扣1～5分,检查项目不全扣1～5分,记录不规范扣2分		
6	团队协作	各成员都积极参与,分工协作,任务完成快	10	有成员没参与一人扣2分,分工不明确,团队合作不佳扣1～5分,任务完成得慢扣1～2分		

案例分析

近日,北大荒集团某分公司组织种植户对收割后的水稻地进行高标准秋翻地作业,水稻收获与秋翻地同步进行,促进黑色越冬100%。为使秋翻地工作高标准、高质量顺利完成,公司把秋收工作与明年生产准备相结合,做到以早动争主动,指导种植户严格按照耕深要达到22 cm左右,翻地到头、到边不留死角,耕深要一致,地面平整;犁底要平,扣垡要严;不漏耕,不跑茬,不留暗格,不得有立垡;尽量减少开闭垄;地头、地边、地角都要耕起,保质保量黑色越冬。试分析为保障翻地质量应采用的翻地机械及技术要点。

知识拓展

水稻土的还原特性

水稻田淹水后,整个耕作层除表面一薄层外,均因缺氧而处于还原状态,使土壤的理化性质产生一系列还原变化,深刻地影响着土壤肥力,影响着水稻生长。主要有:在淹水缺氧条件下,有机质分解比较缓慢,腐殖化的程度较高。故有机肥料施入稻田后,肥效比较稳长,损失少,土壤的有机质含量高,但肥效发挥比较缓慢,有机物进行嫌气分解时,有机酸及硫化氢等有害气体容易积累;含氮有机物进行嫌气分解生成铵态氮,对水稻生长有利,因为水稻吸收铵态氮。所以,稻田中施用氮素化肥以铵态氮为好;一些无机养分,如三价铁被还原成为能溶于水的亚铁,锰也发生类似变化,磷和硅则因有机物嫌气分解产生的二氧化碳、有机酸而提高溶解度,土壤复合体上的钾也有部分被铁、锰、铵等离子置换出来,来满足水稻对这些营养元素的需要;酸性强的水稻田淹水后酸碱度显著升高,而在碱性的水稻田淹水后酸碱度有降低趋势,到最后平衡时,趋向于中性。由此可见,水稻田还原性的发展,对土壤肥力及水稻的生长有利也有弊。在还原化过程初期,有利居多,到后期则弊害较多。

扫一扫

1. 北大荒精神——昔日北大荒今日北大仓

任务小结

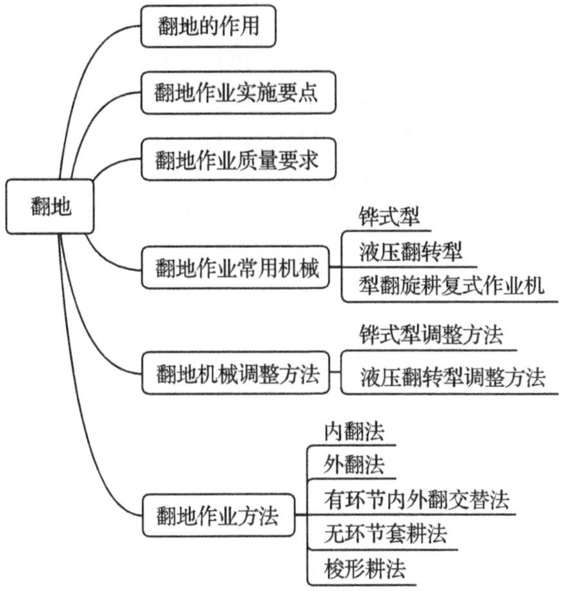

任务练习

1. 简述翻地的主要作用。
2. 翻地作业实施要点及质量要求有哪些？
3. 翻地作业常用机械及调整方法是什么？
4. 翻地作业方法有哪些？

任务二　旋　耕

任务描述

旋耕整地是水田整地的主要方式之一，可以在耕翻后的土地上进行，也可以在茬地上进行。旋耕整地表土疏松，碎土系数高，土壤细碎；旋耕能创造合理耕层，整地后达到上糊下松的耕层要求，形成一种虚实结合，水气协调的合理土层结构。同时，能减少作业次数和减轻机车碾压程度，降低耕作对土壤结构的破坏程度，有利于全层施肥，能做到土肥相融，肥力均匀，提高肥效，经济效益显著。通过本任务的学习可以掌握旋耕的作用、旋耕作业质量要求、旋耕作业常用机械、旋耕作业方法，为保障水稻生产整地质量奠定基础。

任务资讯

一、旋耕的作用

①旋耕整地碎土质量好（直径小于 4 cm 的占 80%，4～8 cm 的占 16%，大于 8 cm 的占 4%）。地表 5～6 cm 为泥糊层，6～12 cm 为耕作碎土层，形成上糊下松、有水、有气的耕层状

态，利于水稻生长。

②节省平地用工。旋耕不打乱土层，无开闭垄，地表平坦，较犁翻减少用工 20%～50%。比犁耕节省泡田用水 30～40 m^3/亩。

旋耕的耕深较浅，秸秆覆盖质量较差，影响水稻根系的正常发育，不利于消灭杂草和防除病虫害；使用旋耕机以旋耕代替犁耕，操作不当时，会使土壤团粒结构严重破坏，土粒高度分散，土壤板结，影响水稻分蘖发棵；连续多年只用旋耕机耕作，会导致耕作层变浅，甚至会造成水稻减产。所以，不宜持续以旋耕代替犁耕。

二、旋耕作业质量要求

旋耕深度应根据地块土壤墒情及当地农艺要求确定，一般为 14～16 cm，误差不大于 2 cm。地表平整细碎，土层疏松，地头整齐。碎土程度要达到直径小于 4 cm 的土块占总量的 65%，最大尺寸＞6 cm 的土块不超过 5 个/m^2。不漏耕，不拖堆，植被覆盖率达到 75%以上。

三、旋耕作业常用机械

旋耕是在水稻收获后至上冻前，使用大中型水田拖拉机配套旋耕机、搅浆整地机、水田犁等进行。常用的旋耕作业机具主要有与拖拉机配套的单轴旋耕机、履带自走式旋耕机、埋茬旋耕起浆机、旋耕搅浆机等。与 29.8～37.2 kW(40～50 马力)拖拉机配套的单轴旋耕机主要有 1GN125 型、1GN-150 型，其旋耕深度为 12～15 cm，生产率 0.2～0.4 hm^2/h。与大中型 37.2～59.7 kW(50～80 马力)拖拉机配套的旋耕机主要有 1GN-175 型 1GN-220 型，旋耕深度 12～15 cm，生产率 0.3～0.6 hm^2/h。与大型 59.7～89.5 kW (80～120 马力) 配套的单轴旋耕机幅宽 2.2～3.0 m，作业效率 0.6～0.9 hm^2/h。

与传统旋耕机相比，履带自走式旋耕机具有以下优势：地表平整度好；机具转数高；旱耕地土块细碎均匀、水耕田泥烂浆足，耕作质量高；杂草覆盖率高。

埋茬旋耕起浆整地机能一次性完成高留茬地(含普通割茬地)的旋耕、埋茬起浆、平地等作业，具有节水、省工的显著作用，较常规翻、旋后耙地作业节省泡田用水 30%～50%，节省机耕作业费用 225 元/hm^2 以上。2 年以上的埋茬作业可使稻田少施化肥 5～10 kg/亩，节肥效果明显。其配套动力为 26.1 kW 以上四轮驱动轮式拖拉机，作业幅宽 2.3～3.5 m，生产率可达 0.3～0.9 hm^2/h。

四、旋耕机操作方法

与轮式拖拉机配套的旋耕机，作业时机架应保持左右水平，使变速箱处于水平状态，其水平调整是通过悬挂装置的左右拉杆来完成的。耕深由拖拉机的液压系统控制，整体和半分置式液压系统应使用位置调节；分置式液压系统使用油缸活塞杆上的定位卡箍调节。工作时操纵手柄放在“浮动”位置。

作业开始前将旋耕机提升，作业开始时先接合动力输出轴，再慢慢下降旋耕机。地头转弯时禁止作业，提升旋耕机时万向节的倾斜角要小于 30°，以免产生冲击噪声和磨损。当拖拉机的前进速度一定时，刀轴转速快，碎土性能好；刀轴转速慢，碎土能力差。而刀轴转速一定时，拖拉机速度快，则土块粗大。一般来说，刀轴的速度通常用慢挡，要求土壤特别细碎或耕两遍时，可用快挡。旋耕作业耕头遍时，拖拉机用Ⅰ挡或Ⅱ挡，耕第二遍时，可用Ⅲ挡。

五、旋耕作业方法

(一)梭形耕法

机组由地块的一侧进入，一行紧接一行往返耕作，最后耕地头，如图 2-11(a)所示。这种耕法的优点是空行少，时间利用率较高，不易漏耕。但要在地头小转弯，大中型拖拉机不便于操作。

(二)套耕法

套耕的方法很多，图 2-11(b)所示的是一种间隔套耕法，也可采用图 2-11(c)的耕法，即正向耕 3 条，反向耕 2 条。采用套耕法可避免地头小转弯，提高时间利用率。偏置式旋耕机宜采用多区套耕法。

(三)回耕法

水耕时，为使耕后地面平整，减少漏耕，常采用回耕法，如图 2-11(d)(e)所示。向右偏置的旋耕机组，应从地块的右侧进入，由四周耕向中心。对称配置的旋耕机，可从地块任何一方向进入。回耕法的优点是操作方便，转弯小，工作效率高，适用于长方形大地块的耕作。转弯时应将旋耕机提起，防止刀片及刀轴受弯扭而损坏。最后沿对角线将漏耕的地方补耕。

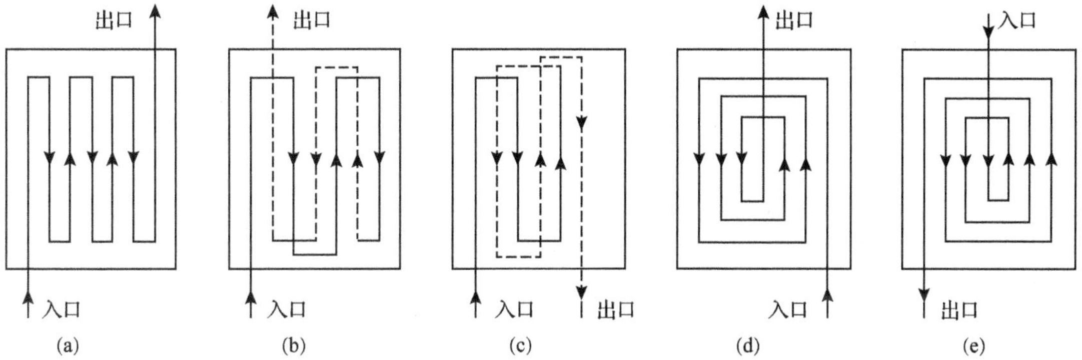

图 2-11　旋耕作业方法示意图

任务实施

水稻田旋耕整地

(一)目的要求

利用现有旋耕机械进行水稻田旋耕作业，掌握旋耕作业方法、旋耕作业质量要求、旋耕机械调试和使用技术。

(二)材料用具

旋耕机、工具箱、米尺、铁锹、易损件备件、任务单。

(三)方法步骤

(1)旋耕机械调试，调试到可正常工作状态。

(2)按照实际地块进行旋耕作业。

(3)检查旋耕作业质量，如果有质量问题，要分析问题原因并解决。

(四)考核标准(表 2-2)

表 2-2 考核标准

序号	考核内容	考核要点	分值	评分标准	扣分	得分
1	材料用具准备	材料准备齐全	10	缺一项扣 1 分		
2	旋耕机械调试操作	旋耕机械调试操作正确	20	旋耕机械调试操作不规范、不正确扣 1～10 分		
3	旋耕作业	旋耕作业操作规范、行走路线合理、工作状态正常	20	旋耕作业操作不规范扣 1～5 分、行走路线不合理扣 1～5 分、工作状态不正常扣 1～5 分		
4	检查旋耕作业质量	达到旋耕作业质量要求	30	检查旋耕作业质量没达到标准一项扣 2 分		
5	场地清理	操作场地物品机具摆放整齐有序，实训后物品机具归位	10	操作场地不干净整洁扣 1～3 分，物品摆放不整齐扣 1～3 分，实训后物品没有归位扣 1～3 分		
6	团队协作	各成员都积极参与，分工协作，任务完成快	10	有成员没参与一人扣 2 分，分工不明确，团队合作不佳扣 1～5 分，任务完成得慢扣 1～2 分		

案例分析

生产中如果长期采用旋耕法作业，因耕作层浅，耕作层以下被压实而形成浅而坚硬的犁底层，影响作物根系下扎和水肥营养的吸收，易导致作物倒伏和减产。同时，机械旋耕秸秆还田仅能将切碎的秸秆混合在较浅的耕作层，秸秆分解产生毒素的时间集中和强度加大；那些没有被覆盖的碎秸秆很难腐烂分解，会影响水稻机插秧的扎根，延迟活棵返青和分蘖，进而影响水稻产量。试分析如何解决上述问题？

知识拓展

稻米品质的调控

目前，在稻米生产上，必须协调好优质与高产的矛盾。我国水稻生产应主攻优质与高产、高效的统一，优质栽培不应以显著降低产量为代价。应大力发展无公害、绿色(有机)稻米生产，实现我国水稻生产的优质、高产、高效与可持续发展。

(一)优质水稻品种选择与合理布局

①优质水稻生产首先要根据区域气候生态条件，选择适合当地的优质品种或适宜的种植地区。根据不同类型水稻品种的米质形成特点，明确主要米质性状形成的理想环境条件，实施合理的品种布局，才能发挥优质品种的特性。一般单季稻区发展优质水稻生产的条件优于双季稻区。因为双季早稻灌浆结实期正值高温季节，不利于优良米质的形成。因此，在双季稻区，早稻宜选用早熟或中熟偏早的优质品种，晚稻在早稻早熟和适时早播基础上，宜选用生育期适宜的中、晚熟优质品种。

②优质水稻生长宜选择土壤肥沃、通透性好、周边没有污染源、杂草少、无病虫源、灌溉水源清洁方便的田块，以创造最优的环境条件。

(二)水稻适宜播种期的确定

在气象条件和种植制度许可的前提下，应根据品种的最佳抽穗结实期来确定最佳播期，即根据品种的生育特性，把抽穗、灌浆、结实的生育过程安排在当地光、热、水条件最佳的时期内。

根据区域温、光的季节变化，确定有利于优质水稻形成的适宜播栽期。优质品种适期早播，适当延长生育期，有利于优质高产的稻谷形成。优质水稻一般要求结实期日均温在 30 ℃以下，相对湿度在 80%～85%。双季早稻在早播壮秧基础上，将齐穗期控制在 6 月底前后，避开高温高湿天气；将双季晚稻或单季稻结实期控制在 8 月底至 9 月间的多晴少雨、秋高气爽的季节，尽可能避免结实期遇高温、低温及台风等不良条件。

(三)群体密度调控

适宜的群体密度是对水稻群体生长进行合理调控的基础，也是发挥该品种优质特性的前提条件。群体基本苗过多，既不利于群体的中期调控，也会导致整精米率下降、垩白粒率增加、透明度变差、直链淀粉含量与胶稠度升高、蛋白质含量下降；但基本苗数过少，会导致单株营养面积增大、分蘖期延长、分蘖成穗与籽粒充实度会降低、垩白增多、米质呈下降的趋势。

稀植栽培水稻的蛋白质含量明显提高，但不利于食味品质。只有在适宜的群体密度基础上，对水稻群体生长进行合理的调控，才能做到既有利于高产，又能发挥品种的优质特性。此外，相同密度下以宽行窄株、东西行向为好。

(四)土壤培肥与品质调优的施肥技术

水稻优质高产栽培中，应注重以农家肥为主的有机肥和生物钾肥、菌肥等生物性肥料的施用，增加土壤有机质含量，培育质地疏松的土壤结构，使土壤微生物活力增强、透水透气性变好、土质清洁污染减少，以减轻因长期施用化肥、农药、除草剂等带来的残留污染。合理施肥是改善稻米品质的重要措施，而施好氮肥是关键。因此，氮肥施用应坚持有机与无机相结合，宜采用基肥、穗肥平衡施用的措施。在氮、磷、钾肥的配合施用上，适当提高磷、钾肥的施用。同时重视硅肥及与米质有关的锌、镁、硒等肥料的合理施用。在土壤肥力较好、基追肥氮源足时，后期还可叶面喷施磷、钾肥 1～2 次。视苗情补充氮肥，不仅能提高结实率和粒重，更有利于提高整精米率，减少垩白发生。此外，实行作物秸秆还田和冬季种植绿肥也是培肥土壤的重要途径之一。

(五)品质调优的水分灌溉技术

长期淹水或生育后期脱水过早，都不利于米质的提高。因此，采用浅水返青促分蘖，有效分蘖终止期排水，适当轻搁田，保持群体适宜稳长，控制无效生长和基部节间长度，中、后期干湿交替的间歇灌溉，不过早断水，以延长叶片的光合寿命，促进稻根健壮，干湿壮子，活秆成熟，既增加穗粒数、结实率和粒重而高产，又提高籽粒充实度和整精米率等而改善米质。灌溉一般以使用自然降水为最好，未受污染的水源也较为理想，应杜绝污水灌溉。

(六)病虫草害综合防治技术

化学农药在稻谷内常有残留，以不用或少用为宜。坚持以预防为主，运用抗性品种、昆虫毒素、信息素(性诱剂)、昆虫天敌等多种生物和生态综合防治手段控制病虫害；以优势群落的生长控制草害；以无毒或低毒、无残留或低残留的高效无公害农药取代剧毒、高残留的化学农药，以新型生物性(植物源、微生物、抗生素等)农药取代传统的杀虫剂和杀菌剂，降低土壤残留。缺钾的地区若施用生物钾肥，既可增加土壤钾的含量，又能抑制水稻赤枯病等病害。

思政园地

北大荒水稻之父——徐一戎

徐一戎系黑龙江省农垦科学院终身研究员。毕业于原奉天农业大学和东北大学农学院，1951 年投身北大荒开发建设，先后任农业技术员、副场长、总农艺师等职。曾荣获全国五一劳动奖章、全国优秀农业科技工作者、黑龙江省特等劳动模范等称号，终身享受国务院政府特殊津贴待遇。

徐一戎矢志于寒地水稻栽培技术的科学研究、推广和教学工作，足迹遍布全垦区和周边农村，共写出 2 400 多万字的学习笔记、翻译资料和科技论著。他将国际国内水稻先进栽培技术和叶龄理论同垦区实际相结合，推广了水稻"三化"栽培和叶龄诊断等多项高产优质栽培技术，已在黑龙江、吉林、辽宁、宁夏、河北、内蒙古、新疆等地广泛推广，转化成了现实生产力，成为农户致富的"金钥匙"。50 多年来，徐一戎每年有 1/3 以上的时间、多时高达 200 多天是在基层度过的。他累计为黑龙江垦区内外的 235 个单位、35 000 多位稻农进行过 340 多次的水稻栽培技术讲座。有人做过这样的统计：徐一戎奔走于各地水稻田的路程累计有 8 万多公里，相当于绕着地球赤道走了两圈多；如果把他走稻田池埂的路程加起来，相当于从黑龙江的漠河走到海南三亚。

徐一戎把毕生的精力献给了寒地水稻事业，被中宣部列为全国重点宣传典型人物，被中央电视台誉为中国水稻界的"南袁北徐"，被广大群众尊誉为"北大荒水稻之父"。

任务小结

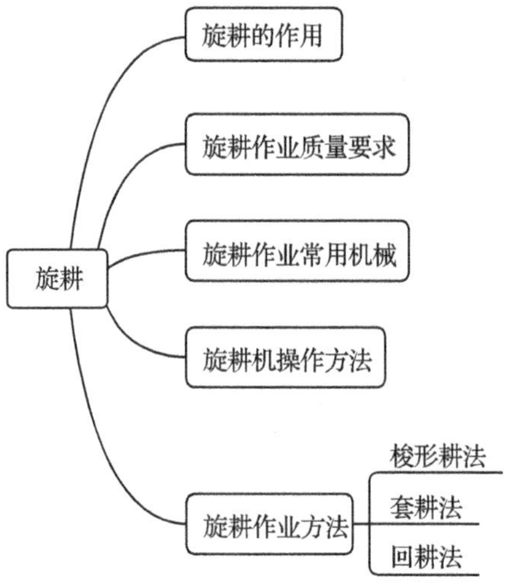

任务练习

1. 简述旋耕的主要作用及缺点。
2. 旋耕作业常用机械有哪些？
3. 旋耕作业常用方法有哪些？
4. 旋耕机操作注意事项有哪些？

任务三　水整地

任务描述

水整地一般是春季放水泡田 3～5 d 后，用水田拖拉机配带不同的整地机械来完成。水田泡田整地是水稻种植的关键环节，直接影响插秧质量、秧苗生长及后期田间管理，进而影响水稻产量和质量。

任务资讯

一、水整地农艺与作业质量要求

机械插秧一般要求田块平整，高低相差不宜超过 3～5 cm。经过旱翻旋的地块，提前灌水泡田 12～24 h，用手扶拖拉机带水耙轮、或用大中型水田拖拉机带水耙平地机进行作业，耙深在 12～15 cm。未耕翻的地块，先灌水泡田 5～7 d，然后用水稻高留茬还田整地机或水田灭茬搅浆整地机进行灭茬搅浆整地作业，交叉作业两遍，即能完成旋翻、搅浆、灭茬、杂草旋压入泥浆中，并托平地表，使多遍复式作业一次完成。泡田水深为垡片高的 1/2～2/3 或旱平（旋）地水深以达花达水为宜，浸泡时间以泡软秸秆、泡透土壤耕作层为准，作业水深 1～3 cm。水整地提倡用激光平地机整平，搅浆灭茬平地要达到早、平、透、净、大、齐、水、匀。

①早　适时抢早，保证有足够的沉淀时间。

②平　格田内高低差不大于 3 cm，做到灌水棵棵到，放水处处干。

③透　格田整地后达到耕作层一致，搅浆整地深度 12～15 cm，具有足够的疏松土层，利于根系发育。

④净　秸秆埋茬深度≥5 cm，残茬漂浮率要≤5%，捞净格田植株残渣，集中销毁，8 cm 耕层内无杂物。

⑤大　因地制宜逐步扩大格田面积。

⑥齐　格田四周平整一致，池埂横平竖直。

⑦水　搅浆整地结束后保持水层 5～7 cm，缺水时及时补水不能落干。

⑧匀　全田整地均匀一致，尤其是格田四周四角；总之是平而有浆、上浆下松。

耕地后要进行沉淀，达到一定的泥脚深度才可进行插秧作业。不同的土壤沉淀的时间不同，一般黏质土壤需要沉淀 5～7 d，低洼地沉淀 7 d 以上，黏壤土沉淀 3～4 d，沙壤土沉淀 2～3 d，沙质土沉淀 1 d 左右。水整地沉淀后，整个稻田地表面呈泥浆状，泥浆深度 5～8 cm，水深 1～3 cm，表土软硬度适中，食指入田面约 2 cm 深度划沟，周围软泥徐徐合拢为最佳沉淀状态。指划不成沟说明沉淀不好，田面过于稀软，插秧时秧苗插不牢，立秧姿势乱，插秧机推压边行苗，插后秧苗易下陷，影响缓苗和分蘖；指划成沟但不恢复说明沉淀过度，田面硬度过大，插秧时阻力大，易伤苗，插秧深度变浅，插后痕迹不能及时合拢，造成漂苗、缺苗。

二、水整地作业机械

(一)带刮浆板埋茬耕整机

该型机采用独特的装有刮浆压草板的多棱形耙辊、组合式加密排列灭茬刀、半封闭曲线挡土板结构(可选装具有自调压装置的平整地副拖板),能够一次性完成全量或半量灌水浸泡后(24 h 以上)的稻麦秸秆的旋耕、埋茬、碎土、起浆、平整土地等多道作业工序,达到抛秧、插秧前水田整地的农艺要求(图 2-12)。

图 2-12　带刮浆板埋茬耕整机

(二)驱动型水田耙

驱动型水田耙适用于耕后水田平整和埋茬、起浆。主要由中间齿轮箱总成、侧边齿轮箱总成、悬挂架总成、滚筒式耙滚焊合、罩壳拖板焊合及耥泥板等部件组成。

①中间齿轮箱总成　主要由箱体、一轴、大小锥齿轮、轴承盖及左右主梁组成。

②侧边齿轮箱总成　主要由箱体、中间轴、小齿轮、中间齿轮、最终传动齿轮、端盖、后盖板、右侧板等组成。

③悬挂架总成　主要由悬挂拉杆、悬挂撑杆、悬挂插销等组成,用于与拖拉机的挂结。

④滚筒式耙滚焊合　由数段圆盘隔断的小滚筒拼接焊合而成,每节小滚筒在圆周上均匀分布 4 个齿板,每个齿板上焊有 4 个小耙片,小耙片按照螺旋线交错排列。

⑤罩壳拖板焊合　主要作用是使被耙滚抛出的土块得到再次破碎,并使耕后地表平整,改善劳动条件和保证操作安全。

⑥耥泥板　是由 2mm 厚的钢板焊合而成的空心矩形盒,上安装钢丝弹簧,在泥浆水面上具有一定的浮力,能有效起到拖平稻田表面,将残余的埋茬压入泥浆中和起浆的作用(图 2-13)。

图 2-13　驱动型水田耙

(三)新型弧形刀打浆机

我国打浆机采用弯刀轧制生产新工艺,以阿基米德螺旋线作为刃口曲线,采用大包角,刃口滑切角由小变大,滑切角大于摩擦角,有特制的防缠草刀座,可增加刀片入土时的导流效果,使草无法缠住刀轴,有利于切草、排草,适于秸秆埋茬作业。该机利用拖拉机动力输出轴传入的动力,经万向传动轴传至中间齿轮箱上的两花键轴来驱动左右刀轴做回转运动,然后通过搅浆弯刀实现切碎土块和灭茬。它所附带的拖板对土壤进行拍打,能完成整地、搅浆的全过程。机后的弹齿平地板和弹性强压杆可将稻茬压入已搅碎的泥浆 5 cm 以下后拖平。采用梳形齿结构,可防止泥浆堆积,改善平地效果,经沉淀后达到适宜机械(或人工)插秧要求。打浆机适合北方土质疏松、未及时秋翻地的原茬稻田地,在春耕时直接进行水田耕整,效果更明显(图 2-14)。

中大马力拖拉机配套新型宽幅打浆机,采用三段式宽幅耕整刀组,增加的折叠翼实现可拆卸功能。折叠后的宽度不超过拖拉机的宽度,展开后整机工作幅宽可由原来的 2.4 m 扩展到 4 m 左右,可以大幅度提高作业工效,大大缩短耕整时间(图 2-15)。

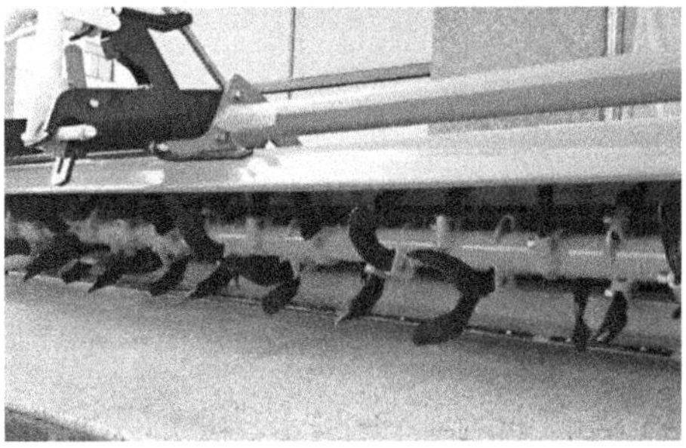

图 2-14　新型弧形刀打浆机

图 2-15　新型 4 m 宽幅打浆机

(四)水田双轴旋耕起浆埋茬耕整机

水田双轴旋耕起浆埋茬耕整机是采用三点悬挂方式与拖拉机连接,用万向节通过旋耕机双侧齿轮箱分别把拖拉机的输出动力传递给旋耕刀轴和灭茬刀轴。前刀轴按旋耕机的刀轴设计,安装 IT245 旋耕刀,起到挖土、抛土的作用,所抛之土落在隔板上。后刀轴按埋茬耕整机刀轴设计,安装水田埋茬刀,挖起前刀轴运动刚落下的土和秸秆抛向挡土板,起到起浆和拌和秸秆的作用。同样,埋茬刀的根部安装起浆板,起到打浆的作用,最后由平地板将已耕地刮平。该机一遍作业即可完成挖土、起浆、覆埋秸秆和平地的作业要求(图 2-16、图 2-17)。

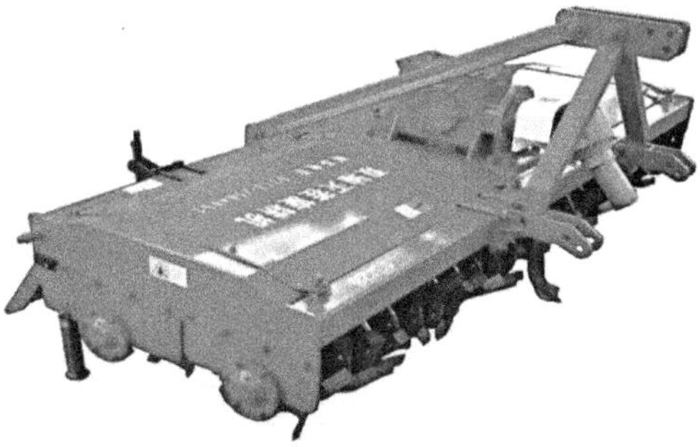

图 2-16　水田双轴旋耕起浆埋茬耕整机

图 2-17　水稻振捣提浆整地作业

三、水整地作业方法

(一)使用操作

①按使用说明书的要求进行安装调试,与拖拉机挂接牢靠,做到安全防护到位。检查和调整万向节前后夹角,使机器在工作状态时与作业地面最大夹角不大于 5°,提升时最大夹角不大于 20°。

②安装时要保证机具左右两边处于同一水平位置,以保证耕深的稳定性和一致性。根据地块条件、作业要求,调整拖拉机液压提升机构的提升最高限位,控制水田埋草(茬)耕整机作业深度(耕深一般 12~15 cm),以满足农艺要求。

③调整拖拉机动力输出轴转速,确保水田埋草(茬)耕整机犁刀轴转速达到规定值(或作业效果最佳转速),禁止带负荷起动。起步时,应使还田机逐步达到限定位置,禁止在起步前将还田机猛放至限定位置。作业中禁止带负荷转弯,转弯时应将还田机升起,转弯后方可降落作业,注意升降平稳。还田机不提升禁止后退,作业中禁止带负荷后退。作业中转移时,应切断动力输出,还田机停止转动。

(二)作业方法

秸秆全量还田情况下一般作业两遍,具体视作业一遍后的地表情况决定。第一遍顺田间长度采用无环节套耕作业法,避免漏耕,可适当重耕,以提高埋草效果。第二遍"绕行法"找平,并适当提高作业速度(图 2-18)。

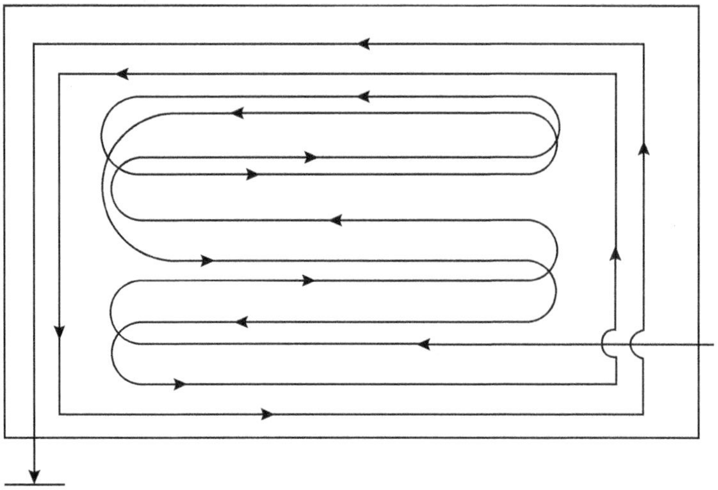

图 2-18　耙田方法示意图

任务实施

水稻田水整地

(一)目的要求

利用现有机械进行水稻田水整地作业,掌握水整地作业方法、水整地作业质量要求、水整地机械调试和使用技术。

(二)材料用具

水整地机械、工具箱、米尺、铁锹、易损件备件、任务单。

(三)方法步骤

(1)水整地机械调试,调试到可正常工作状态。

(2)按照实际地块进行水整地机械作业。

(3)检查水整地机械作业质量,如果有质量问题,要分析问题原因并解决。

(四)考核标准(表 2-3)

表 2-3　考核标准

序号	考核内容	考核要点	分值	评分标准	扣分	得分
1	材料用具准备	材料准备齐全	10	缺一项扣 1 分		
2	水整地机械调试操作	水整地机械调试操作正确	20	操作不规范不正确扣 1～10 分		
3	水整地作业	水整地机械作业操作规范,行走路线合理,工作状态正常	20	操作不规范扣 1～5 分,行走路线不合理扣 1～5 分,工作状态不正常扣 1～5 分		
4	检查水整地作业质量	达到水整地机械作业质量要求	30	水整地机械作业质量没达到标准一项扣 2 分		
5	场地清理	操作场地物品机具摆放整齐有序,实训后物品机具归位	10	操作场地不干净整洁扣 1～3 分,物品摆放不整齐扣 1～3 分,实训后物品没有归位扣 1～3 分		
6	团队协作	各成员都积极参与,分工协作,任务完成快	10	有成员没参与一人扣 2 分,分工不明确,团队合作不佳扣 1～5 分,任务完成得慢扣 1～2 分		

案例分析

水稻田水整地的标准是“上糊下松,寸水不漏泥,灌水棵棵到,排水处处干”,请分析如果达不到标准,在水稻生产中会出现哪些现象?采取哪些措施保障水整地质量?

知识拓展

土壤类型

①黏土　在耕整地工艺路线选择上,因黏土质地黏重且通透性差,易旱易涝,耕整地对土壤墒情要求高。在墒情合适不黏刀利于农具下地作业时,第一种可采用旱耕水整,旱田旋耕增加透气性和渗水速度,减少整地前上水泡田时间,节省农时;第二种可采用犁耕水整,先犁翻深耕和晒垡,再利用旋耕机碎垡和平整土地,最后进行水整。因农时季节紧,渗水速度慢,水耕水整泡田时间长,且不易泡透耕作层,所以对于黏重板结的土壤,应慎重选择水耕水整作业路线。

②沙土　在耕整地工艺路线选择上,因沙性土的通气透水性和适耕性都好,但保水、持水、保肥性能弱,不宜犁耕深翻,适宜旱耕水整和水耕水整,而且宜耕期长。耕后土壤松散、平整,

无坷垃或土堡，耕作阻力小，耕后质量好。虽然沙土通气透水性好，但保蓄性差，保水、持水、保肥性能弱，失墒多易引起土壤干旱，一般不建议选择犁耕水整作业路线。

③壤土　因其适耕性较好，保墒、保肥性能也较好，在耕整地作业路线选择上适宜旱耕水整、水耕水整和犁耕水整。

扫一扫

2. 振捣提浆水整地

任务小结

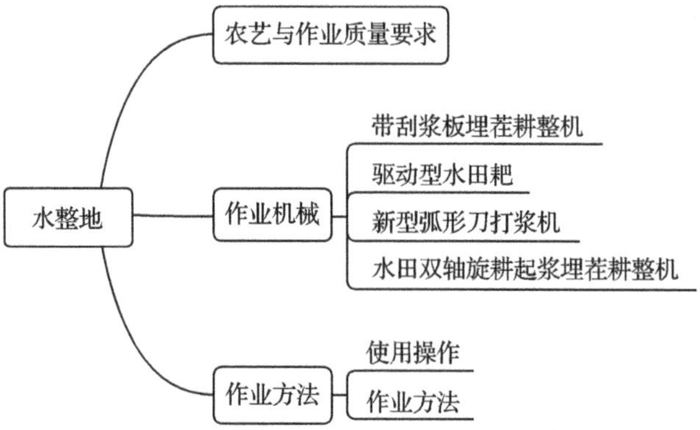

任务练习

1. 水整地作业的质量标准有哪些？
2. 水整地常用机械有哪些？
3. 水整地机械使用操作注意事项有哪些？

模块三　水稻育秧机械化技术

教学目标

知识目标

1. 掌握育秧前的准备工作流程及主要内容。
2. 掌握机械化育秧的方法及注意事项。
3. 掌握育秧期管理要点。

能力目标

1. 能够完成育秧前的准备工作。
2. 能够进行机械化育秧。
3. 能够按标准管理秧田。

任务一　育秧前的准备

任务描述

水稻在其生长期间要做好一系列管理工作，其中育秧是关键环节之一。要想谷满仓，首先育壮秧，做好育秧前的准备是培育适龄壮秧的基础。育秧前的准备工作主要有扣棚、种子准备、物资准备、苗床准备等。

任务资讯

根据插秧机栽插作业特点以及高产栽培技术的要求，机插秧苗需达到下面几方面的要求。一是选择适合机插的高产栽培品种。二是秧块要标准化，秧块长 58 cm，宽 28 cm，厚度 2.0～2.5 cm。三是秧苗要分布均匀，每平方厘米 2.5～3.5 苗，根系盘结，提起不散。四是秧苗个体健壮，无病虫害。五是秧龄要适宜，一般为 12～18 d，叶龄 3 叶 1 心，见图 3-1。

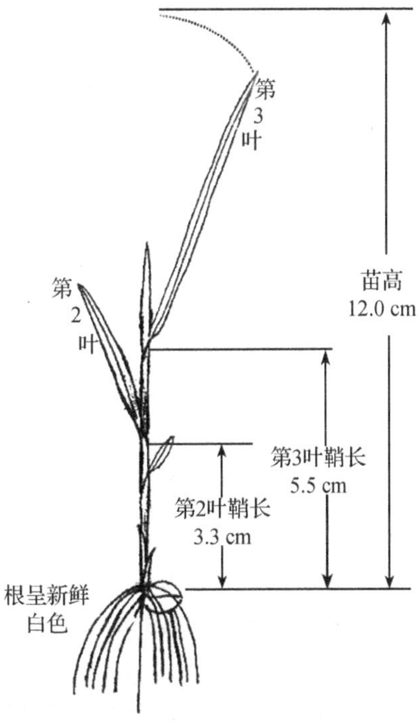

图 3-1　中、小苗模拟图

一、提前扣棚

大中棚育苗应提前扣棚，促使苗床化冻、干燥，提高床温。一般在播种前 15 d 左右扣棚。

二、种子准备

(一)品种选择

1. 优良品种的选用原则

良种是作物高产的基础,选用良种是水稻高产栽培中最经济有效的措施,每一个优良品种都适宜于一定的气候生态条件和相应的栽培技术。各地必须根据当地实际情况,因时、因地制宜,选用最适宜的良种。对于新品种应先试验示范,然后再逐步推广。每一地区选择1~2个最适的主推当家品种,再搭配其他品种,并做好品种布局。

黑龙江省第一积温带可选用主茎叶数12~14叶品种,第二积温带可选用主茎叶数12~13叶品种,第三积温带可选用主茎叶数11~12叶品种,第四积温带可选用主茎叶数10~11叶品种。

种子质量要求发芽率≥90%、发芽势≥85%、纯度≥99%、净度≥99%、除芒率>98%、水分≤14.5%、糙米率<1%、青粒率<0.5%。

2. 黑龙江省水稻优良品种介绍

①松粳28:黑龙江省农业科学院五常水稻研究所选育。在适应区出苗至成熟生育日数144 d左右,需≥10 ℃活动积温2 700 ℃左右。该品种主茎14片叶,长粒型,株高109 cm左右,穗长20.7 cm左右,每穗粒数129粒左右,千粒重24.5 g左右。

②吉源香1:肇源县庄稼人生产资料连锁有限公司选育。在适应区出苗至成熟生育日数146 d左右,需≥10 ℃活动积温2 750 ℃左右。该品种主茎14片叶,椭圆粒型,株高100 cm左右,穗长18 cm左右,每穗粒数131粒左右,千粒重24.1 g左右。

③龙稻203:黑龙江省农业科学院耕作栽培研究所选育。在适应区出苗至成熟生育日数140 d左右,需≥10 ℃活动积温2 700 ℃左右。该品种主茎13片叶,长粒型,株高93.8 cm左右,穗长19.8 cm左右,每穗粒数123粒左右,千粒重25.9 g左右。

④松粳22:黑龙江省农业科学院五常水稻研究所、黑龙江省龙科种业集团有限公司选育。在适应区出苗至成熟生育日数144 d左右,需≥10 ℃活动积温2 700 ℃左右。该品种主茎14片叶,长粒型,株高110 cm左右,穗长20.3 cm左右,每穗粒数104粒左右,千粒重27 g左右。

⑤松粳60:黑龙江省农业科学院生物技术研究所选育。普通粳稻品种。在适应区出苗至成熟生育日数142 d左右,需≥10 ℃活动积温2 700 ℃左右。该品种主茎13片叶,长粒型,株高104.1 cm左右,穗长20.7 cm左右,每穗粒数126粒左右,千粒重25.6 g左右。

⑥绥粳309:黑龙江省农业科学院绥化分院选育。普通粳稻品种。在适应区出苗至成熟生育日数134 d左右,需≥10 ℃活动积温2 500 ℃左右。该品种主茎12片叶,长粒型,株高99.0 cm左右,穗长17.5 cm左右,每穗粒数109粒左右,千粒重26.0 g左右。

⑦绥粳106:黑龙江省农业科学院绥化分院选育。普通粳稻。在适应区出苗至成熟生育日数135 d左右,需≥10 ℃活动积温2 600 ℃左右。该品种主茎12片叶,长粒型,株高98.7 cm左右,穗长17.2 cm左右,每穗粒数107粒左右,千粒重25.7 g左右。

⑧三江6号:黑龙江省农垦总局建三江农业科学研究所选育。香稻品种。该品种主茎12片叶,株高94 cm左右,穗长19.5 cm左右,每穗粒数200粒左右,千粒重24.8 g左右。

⑨龙粳31:黑龙江省农业科学院佳木斯水稻研究所、黑龙江省龙粳高科有限责任公司选育。粳稻品种。主茎11片叶,株高92 cm左右,穗长15.7 cm左右,每穗粒数86粒左右,千粒重26.3 g左右。

⑩龙粳1624：黑龙江省农业科学院水稻研究所选育。普通粳稻品种。在适应区出苗至成熟生育日数130 d左右，需≥10 ℃活动积温2 400 ℃左右。该品种主茎11片叶，椭圆粒型，株高94.2 cm左右，穗长15.2 cm左右，每穗粒数106粒左右，千粒重26.1 g左右。

⑪绥粳103：黑龙江省农业科学院绥化分院选育。香稻品种。在适应区出苗至成熟生育日数130 d左右，需≥10 ℃活动积温2 300 ℃左右。该品种主茎11片叶，长粒型，株高102.4 cm左右，穗长17.6 cm左右，每穗粒数110粒左右，千粒重25.3 g左右。

⑫龙粳57(糯稻)：黑龙江省农业科学院佳木斯水稻研究所选育。糯稻品种。在适应区出苗至成熟生育日数130 d左右，需≥10 ℃活动积温2 350 ℃左右。该品种主茎11片叶，椭圆粒型，株高92.2 cm左右，穗长16.0 cm左右，每穗粒数90粒左右，千粒重25.5 g左右。

⑬龙粳3013：黑龙江省农业科学院水稻研究所选育。普通粳稻品种。在适应区出苗至成熟生育日数130 d左右，需≥10 ℃活动积温2 400 ℃左右。该品种主茎11片叶，圆粒型，株高89.9 cm左右，穗长14.8 cm左右，每穗粒数111粒左右，千粒重26.0 g左右。

⑭绥粳25：黑龙江省农业科学院绥化分院选育。普通粳稻品种。在适应区出苗至成熟生育日数123 d左右，需≥10 ℃活动积温2 150 ℃左右。该品种主茎10片叶，长粒型，株高90.4 cm左右，穗长16.9 cm左右，每穗粒数93粒左右，千粒重24.5 g左右。

⑮龙粳66：黑龙江省农业科学院佳木斯水稻研究所选育。普通粳稻品种。在适应区出苗至成熟生育日数127 d左右，需≥10 ℃活动积温2 250 ℃左右。该品种主茎11片叶，椭圆粒型，株高95.4 cm左右，穗长16.6 cm左右，每穗粒数107粒左右，千粒重27.0 g左右。

⑯富合3：黑龙江省农业科学院佳木斯分院选育。普通粳稻品种。在适应区出苗至成熟生育日数126 d左右，需≥10 ℃活动积温2 225 ℃左右。该品种主茎11片叶，椭圆粒型，株高86 cm左右，穗长14.0 cm左右，每穗粒数90粒左右，千粒重26.0 g左右。

⑰龙粳1665：黑龙江省农业科学院水稻研究所选育。普通粳稻品种。在适应区出苗至成熟生育日数123 d左右，需≥10 ℃活动积温2 200 ℃左右。该品种主茎10片叶，椭圆粒型，株高91.5 cm左右，穗长16.4 cm左右，每穗粒数91粒左右，千粒重25.3 g左右。

(二)种子处理

1. 筛选及晒种

种子出库后，进行风筛选，清除草籽、秕粒和夹杂物。随后选择晴天再晒种2～3 d，晒种可增强种皮的透性，增强呼吸强度和内部酶的活性，使淀粉降解为可溶性糖，以供给种胚中的胚根、胚芽生长，同时还可使种子干燥一致，有利于吸水和发芽整齐，提高稻种的发芽势和发芽率。种子放在铺好的塑料薄膜上，铺种厚度5～6 cm，经常用手翻动，受热均匀。防止低温受潮，晚间收拾好。

2. 盐水选种

成熟饱满的种子，发芽力强，幼苗生长整齐，苗壮。机械加工质量高的种子可不进行盐水选种，而一般的种子必须认真进行盐水选。选种用的盐水比重为1.10～1.13，方法是用25 kg水加食盐5～6 kg，充分溶解后，用新鲜鸡蛋测试。当鸡蛋露出水面1元钱硬币大小，盐水比重为1.10～1.13，鲜鸡蛋测定盐水比重如图3-2所示。将种子放在盐水内，边放边搅拌，使不饱满的种子漂浮在上面，捞出下沉的种子，用清水洗2～3次，

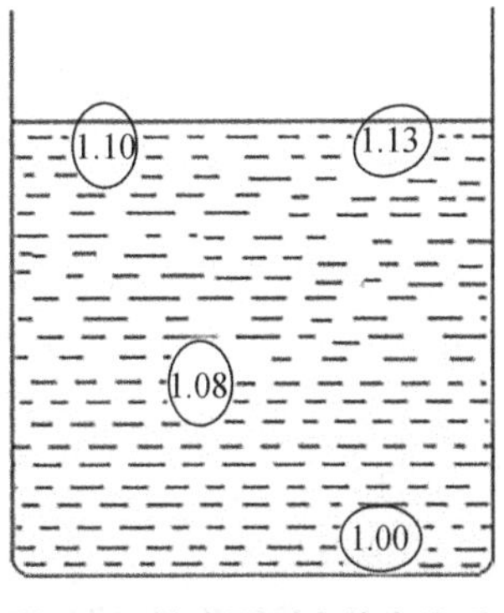

图3-2　鲜鸡蛋测定盐水比重

洗净种皮表面的盐水。

3. 浸种与包衣

浸种是种子消毒的一种方法，是防除由种子带菌侵染的水稻恶苗病（图 3-3）、苗稻瘟病的主要措施。浸种使水稻种子吸足水分，种子膨胀软化，促进生理活动，增强呼吸作用，使蛋白质由凝胶状态变为溶胶状态，在酶的作用下，把胚乳贮藏物质转化为可溶性物质，并降低种子中抑制发芽物质的浓度，把可溶性物质供给胚芽、胚根生长。种子吸水快慢与温度呈正相关，大体浸好需积温 80～100 ℃。为了提高种子消毒的效果，常采取浸种和消毒同时进行。

浸种方法是把选好的种子按每亩本田用 3 kg 种子计算。用 5～6 kg 水，加入 25％施保克乳油 2 mL 或 35％恶苗灵 20 g 混匀；或用 25％劲护（氰烯菌酯）15～20 mL 兑水 100 kg，浸 100 kg 包衣的稻种。水温保持 11～12 ℃，浸种消毒 8～9 d。种子浸好的标志是稻壳颜色变深，稻谷呈半透明状态，透过颖壳可以看到腹白和种胚，米粒易捏断，手碾呈粉状、没有生心。根据情况还可以用 25％劲护悬浮剂 3 000 倍液浸种，即 25％劲护 33 mL 兑水 100 kg，浸 100 kg 不包衣的稻种。

图 3-3　水稻恶苗病株

4. 催芽

稻谷催芽就是根据种子发芽过程中对温度、水分和氧气的要求，采用人为措施，创造良好发芽条件，使其达到“快”“齐”“匀”“壮”的目的。“快”指 3 天内能催好芽；“齐”要求发芽率达 90％以上，“匀”指根芽整齐一致，“壮”要求幼芽粗壮，根芽比例适当（芽相当于半粒谷长，根相当于干粒谷长），颜色鲜白。在催芽过程中要求严格掌握温度，不宜过高，防止“烧包”。一般催芽过程分为三个阶段。

（1）高温破胸

种谷上包到胚突破种壳时期，破胸时间宜短，以免消耗过多的养分，一般要求在 24 h 内达到破胸整齐。为了升温快，常将种谷在 50 ℃以下温水中淘种（预热）1～2 min，再上包密封，保持 30～32 ℃，以增加胚的呼吸强度，缩小种胚活动强度之间的差距，使破胸露白整齐，温度偏低则破胸不齐。

（2）适温催芽

指破胸至幼根、幼芽达到播种要求的时期，破胸后的种谷呼吸强度剧烈，温度增加迅速。

据测定，破胸时的呼吸强度比开始催芽时高 31.09 倍，由于呼吸热的积累，温度很容易上升超过 40 ℃灼伤根芽，产生“㸆芽”现象，这是催芽的危险期。因此，要注意通气和降温，使温度保持在 25 ℃左右，这样长出的根芽才粗壮。根据“干长根、湿长芽”的经验，用浇水或翻动的方法调节温湿度，使根、芽生长整齐，比例适当。

(3)摊晾炼芽

当谷芽和根达到播种要求长度时，催芽基本结束。为了使芽谷能适应播种后的自然环境，催好的芽谷，一般要摊晾炼芽，置于室内摊放一段时间(至少半天)，再行播种。若天气不好，可将芽谷摊薄，待天气转晴后再播种。

黑龙江大力推广水稻智能程控芽种生产车间(图 3-4)，安装智能浸种催芽设备。智能浸种催芽设备采用多箱结构，在浸种、催芽两工艺流程中种子不出箱，当某箱完成浸种时，由控制参数改变将其转换为催芽箱。系统控制准备水箱的水温，工作时根据浸种、催芽箱的测量温度参数控制注水、回水时间和水位来调节浸种、催芽箱内温度。

图 3-4　水稻智能浸种催芽工厂

三、秧盘等其他物资准备

(一)秧盘

每亩移栽大田备 25 张秧盘(软盘或硬盘)，机械化流水线播种的以硬盘为主。特殊地区采用软盘流水线播种的，需准备足够数量的周转硬盘。选用长宽高规格为 58 cm×28 cm×3 cm，底孔为圆形的合格硬盘，一般每亩移栽大田需用硬盘 22～25 张(图 3-5 至图 3-7)。

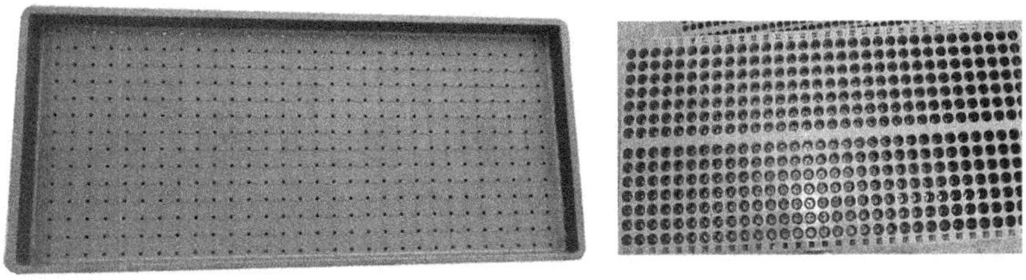

图 3-5　育秧硬盘

(二)壮秧剂

每亩移栽大田备 0.8 kg 壮秧剂。

图 3-6　塑料钵盘

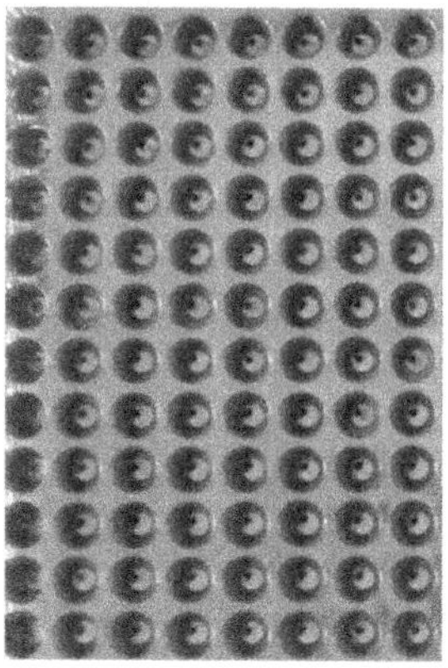

图 3-7　钵形毯式盘——半钵

(三)浸种药

25%施保克乳油或35%恶苗灵,根据使用说明书准备用量;或按植保站指定浸种药剂及要求。

(四)地膜

每亩机插大田需准备 2 m 宽覆膜用农膜 4 m。采用双膜育秧的,一般每亩大田应备足幅宽 1.5 m 的地膜 4 m。育秧前需要对地膜进行打孔,适宜孔距 2.0 cm×2.0 cm 或 2.0 cm×3.0 cm,孔径 0.2~0.3 cm。打孔方法:将地膜整齐地卷在长 15 m 宽 15 cm 厚 5 cm 的方木上,按孔距要求画线,用适宜粗度的钢筋(管)冲孔。注意孔一定要冲透,否则会影响透水透气性能,降低秧苗质量;孔径也不宜过大,否则会造成大量秧根穿孔下扎,增加起秧难度。

四、苗床准备

(一)选择秧田

应固定旱育秧田,常年培肥地力,常年制造有机肥和培养床土,不宜随意变动。选择地势平坦、背风向阳、排水良好、水源方便、土质疏松肥沃的地块,设置适当集中的固定高台秧田,做到合理布局。秧田内建成具有井(水源)、池(晒水池)、床(秧床地)、路(运输道路)、沟(排水及引水沟)、场(堆肥场、堆床土场)、林(防风林)等基本设施。防止在稻田中育苗,稻田土壤结构不好,土壤通透性差,并且育苗期间灌水,不能育出理想的壮苗。秧本田比例:旱育中苗(1∶80)~(1∶100),每亩本田需育秧田 6.7~8 m^2。

(二)整地做床(图 3-8)

秋施农家肥,秋整地秋做床,高出地面 8~10 cm。早春除雪晾地,大中棚 3 月下旬扣膜,然后清除根茬,打碎坷垃,整平床面,每平方米施腐熟优质有机肥 8~10 kg,尿素 20 g、磷酸二铵 50 g,硫酸钾 25 g,均匀撒施并耙入置床 3~5 cm 土层内。摆盘播种前用 1%硫酸水调酸,使土壤 pH 达到 4.5~5.5。调酸后每平方米用 70%恶·甲(瑞苗青)可湿性粉剂 1.3 g,加水 3 升;或每平方米用 3%育苗灵或 3%育苗青 15~20 mL,兑水 50~100 g 喷施于床面上进行消毒。

也可以用壮秧剂施肥、调酸、消毒,将有机肥、壮秧剂按使用说明(如,360 m^2 标准棚使用 80 kg 道思旺壮秧剂+10 kg 秀地有机固体调酸剂+20 kg 基施旺有机肥)与过筛床土用量的

1/4 混拌均匀做成小样，再用小样与剩余床土充分混拌均匀，然后测定 pH，如未达到 4.5～5.5，可再用固体调酸剂调至规定标准。毯式秧盘每盘床土用量 3 kg 左右。

摆盘前每 100 m^2 置床用 2.5%敌杀死 2 mL，兑水 6 kg 喷洒，或 5%锐劲特悬浮剂 10～20 mL，兑水 30 kg 喷雾，或 5%锐劲特 10～20 mL＋水 150 mL＋稻糠 4 kg 制成毒饵播种前均匀撒施在苗床上，防治地下害虫。

置床要达到高、深、干、平、直、净、齐、碎、实九字标准，即：

高　置床高出地面 20～30 cm，确保旱育秧。

深　置床化冻深度 30 cm 以上。

干　置床干爽达到旱田干土标准。

平　每 10 m^2 内高低差不超过 0.5 cm。

直　置床边缘整齐一致，置床中间及四周砖道要直，每 10 延长米误差不超过 0.5 cm。

净　床面干净，无直径大于 0.5 cm 的石块，无长度大于 5 cm 的草根等杂物。

齐　砖道摆放整齐、砖面平整，与秧盘之间高度在 2 cm 左右。

碎　床面土壤细碎，无直径大于 0.5 cm 的土块。

实　置床上实下松，松实适度一致，人踩无脚窝。

图 3-8　整地做床

(三)准备盘土

盘土要求用熟化、结构好，无草籽的园田土、旱田土、山地腐殖土或肥沃的水田表土，掺拌腐熟过筛的优质农肥。床土与农肥的比例以 3∶1 为好。有草炭资源的地方可利用粉碎过筛的草炭，配合比例为土 5∶草炭 3∶农肥 2。装盘前要对盘土进行调酸、清毒，能有效预防立枯病发生。配制好的营养土，在摆盘前要用苫布盖严，防止药、肥、酸挥发。

1. 旱育苗

每袋壮秧剂 2.5 kg 加备好过筛旱田土 15 kg，经充分混拌均匀后，均匀撒施在 20 m^2 苗床上(稻田育苗灌水时用壮秧剂 3.75 kg)，用耙子耙匀，混拌于 2～3 cm 深的床土中，然后浇透水播种。

2. 塑料钵体育苗(抛秧盘)

每袋壮秧剂 2.5 kg 加备好过筛旱田土 180 kg，充分混拌成营养土后，以 1～1.5 cm 厚度均匀装入 150 个钵体盘(30 m^2)，然后浇透水播种。

3. 软盘(机插盘或隔离层)育苗

每袋壮秧剂 2.5 kg 加备好过筛的旱田土 270 kg,充分混拌成营养土,装入 90 个软盘(15 m^2),然后浇透水播种。

任务实施

种子处理

(一)目的要求

掌握水稻盐水选种、浸种消毒、催芽的方法及技术标准并能够指导生产。

(二)材料用具

波美比重计、培养箱、漏勺、水稻种子、盐、尼龙网袋、盐、鲜鸡蛋。

(三)操作步骤

1. 盐水选种

(1)配盐水

5 kg 水兑 1～1.25 kg 盐,充分溶解,可用波美比重计法测定盐水的浓度,也可用鲜鸡蛋法(放入一个鸡蛋,上面露出 1 角硬币大小即可),使水的比重在 1.10～1.13。

(2)选种

溶液配好后,将种子倒入,充分搅拌后,将漂浮在水面上的空壳、秕粒、杂质除去,然后分离出下沉的饱满谷种。

(3)清洗

用清水把分离出下沉的饱满谷种表面的盐分冲洗掉,直到种子表面没有咸味为止。

2. 种子消毒

(1)温烫浸种　把选好的种子用 55～60 ℃的水浸种 10～15 min,不断搅拌。然后水温保持 11～12 ℃,浸种消毒 8～9 d。

(2)药剂消毒　把选好的种子按每 3 kg 种子,用 5～6 kg 水,加入 25%施保克乳油 2 mL 或 35%恶苗灵 20 g 混匀;或用 15～20 mL 25%劲护兑水 100 kg,浸 100 kg 包衣的稻种。水温保持 11～12 ℃,浸种消毒 8～9 d。

3. 种子催芽

浸完种的水稻种子放在温度为 30～32 ℃的培养箱中,当种子破胸后使温度保持在 25 ℃左右,用浇水或翻动的方法调节温湿度,使根、芽生长整齐,比例适当。当谷芽、根达播种要求长度时,催芽结束,摊晾炼芽,置于室内摊放一段时间(至少半天),再行播种。

(四)考核标准(表 3-1)

表 3-1　考核标准

序号	考核内容	考核要点	分值	评分标准	扣分	得分
1	材料用具准备	材料准备齐全	20	缺一项扣 1 分		
2	盐水选种	盐水浓度适宜,选种操作正确,种子清洗彻底,表面没有咸味	20	样点选取不科学扣 1～5 分,没有代表性扣 1～5 分		

续表 3-1

序号	考核内容	考核要点	分值	评分标准	扣分	得分
3	种子消毒	种子消毒方法正确，操作过程规范	20	秧苗处理方法不得当扣 1～5 分，泥沙清洗不干净 1～5 分，有伤苗扣 1～10 分		
4	种子催芽	种子催芽操作规范，各阶段温度适宜，芽长 2 mm 左右，双山形	20	种子催芽操作不规范扣 1～5 分，各阶段温度不适宜扣 1～5 分，芽长不标准扣 1～10 分		
5	场地清理	操作场地（台面）干净整洁，物品摆放整齐，实训后物品归位	10	操作场地（台面）不干净整洁扣 1～3 分，物品摆放不整齐扣 1～3 分，实训后物品没有归位扣 1～3 分		
6	团队协作	各成员都积极参与，分工协作，任务完成快	10	有成员没参与一人扣 2 分，分工不明确，团队合作不佳扣 1～5 分，任务完成得慢扣 1～2 分		

案例分析

某种植户的秧田里出现了许多比正常苗高出许多且细弱的植株（图 3-9），请分析是什么原因，如何防治？

图 3-9　水稻苗床秧苗表现

知识拓展

水稻直播技术

（一）直播稻的生育特点

直播稻具有一些与移栽稻不同的生育特点。

1. 全生育期缩短，主茎叶片数减少

由于直播稻一般播种较迟，没有移栽后的返青期，加速了生育进程，因此全生育期缩短，以营养生长期缩短最为显著，始穗至成熟的天数变化较小，可提早成熟 4～5 d。同时植株明显变矮，主茎叶片数减少，个体生产量较小，穗型略小。

2. 分蘖节位低，分蘖早而多

因播种浅，且不经移栽无植伤，直播稻株的分蘖节集中在表土，故分蘖节位低，发生早而多，高峰苗数多且出现早，最终有效穗数多，但分蘖成穗率低，这可能与分蘖多、田间群体过大有关。

3. 根系分布广，但入土较浅，横向分布多而均

直播稻株的发根节位集中在表土层，该层透气条件好，有利于根系生长，故健壮根较多。直播稻根系横向分布均匀，且大都集中在0～5 cm的表土层。如果肥水管理不当，后期易发生倒伏而减产。

（二）栽培技术要点

1. 精细整地

直播稻除种子催芽集中进行外，从出苗、分蘖直到成熟收获都处在大田环境条件下，存在着育苗、保苗、苗期田间杂草多或苗期环境条件较差等矛盾，因此对土壤耕作有较高的要求，必须精细整地，做到田平、土碎、疏松、草净。

2. 精量播种

直播稻应选择茎秆粗壮、抗倒力强的矮秆品种。播种前要做好种子处理，并进行发芽势和发芽率的测定。种子一般催芽露白即可播种。播种量应根据发芽率、田间成苗率、计划基本苗数而确定。田间成苗率与整地质量有关，一般为70%～85%。播种量计算公式如下：

$$\text{每公顷播种量}=\frac{\text{每公顷计划基本苗数}}{\text{每千克种子粒数}\times\text{发芽率}\times\text{田间成苗率}}$$

基本苗一般高产田常规稻为120万株/hm^2左右，杂交稻75万～90万株/hm^2；中田常规稻150万～220万株/hm^2，杂交稻100万株/hm^2；低产田常规稻220万～300万株/hm^2。

播种方式可因地制宜采用条播、点播或撒播。条播一般采用播幅7～10 cm，幅距20 cm；点播的行穴距一般采用20 cm×10 cm、20 m×14 cm等。常规稻每穴播种4～5粒、杂交稻每穴播种2粒左右。不论哪种播种方式，都要做到落籽均匀，不重苗，不缺穴断行。

3. 合理施肥

根据直播稻的生育特点，肥料施用要有利于增穗、增粒、高产而不贪青晚熟。采用的施肥策略是“前促、中控、后稳”。“前促”指基肥要施足有机肥和适量的复合肥，基肥、分蘖肥各占总氮量的40%左右，一生总用量与常规栽培要持平略减，分蘖肥采用少吃多餐看苗促进的方法，分2次施用；“中控”指总茎蘖苗数达到预期穗数前要控制肥料施用，配合放水晒田，控制无效分蘖和无效生长，只用10%左右化肥，看苗促平稳保蘖；“后稳”指普施、重施穗肥，占总肥量40%左右，一般不施粒肥，或看苗少量施用，以防贪青迟熟，推迟抽穗。

4. 化学除草

直播稻田杂草防除的好坏，直接关系到水稻产量的高低，如杂草防除不及时，则会造成生长前期草害，生长后期草荒，通常会使作物减产30%～40%，严重田块减产可达50%以上。因此，直播稻田的杂草防除工作是夺取高产的一项重要技术措施。要使直播稻田灭草较彻底，应根据杂草的类型和生长情况选择适宜的药剂，采用“一封、二杀、三补”的化学除草措施。

封　指播种前或播种后，芽前封闭化学除草。即在播种前整地平田时，趁浑水施药，每公顷施恶草灵乳油2 250～3 000 mL，然后保持3～5 cm水层2 d，在播种前排去田中水层。

杀　指稻苗2叶1心期茎叶喷雾内吸触杀剂。在稻苗2叶1心时，结合施断奶肥每公顷用10%禾草丹颗粒剂22.5～30 kg与化肥充分搅拌撒施，并保持3～5 cm水层3 d。

补　指在稻苗5叶期用药除草。用药时，应根据杂草的类型，如稗草较多，则每公顷撒施96%环草丹乳剂2 250～3 000 mL，保持水层7 d。如莎草科杂草和阔叶杂草较多时可在稻田

水落干后，每公顷喷施苯甲混合剂，隔天上水。

5. 及时间密补稀

当秧苗 3～5 叶时，开始进行间密补稀，使秧苗分布均匀。匀苗原则：条播的播种幅中间稀，两边密；穴播的每穴苗数适当分散均匀；撒播的按群众的经验“10 cm 不拔，13.3 cm 不补，16.7 cm 补一株”来进行。补苗要求带泥，随拔随补。

6. 加强水分管理

直播稻的水分管理原则是湿润出苗扎根，薄水保苗，浅水壮苗促蘖，够苗晒田，控蘖壮秆。由于直播稻根系分布较浅，对土壤水分反应敏感，若重晒田，则中期叶色褪淡过度，影响幼穗分化。播后如无较大降水，及时进行湿润灌溉或浅水灌溉，严禁大水漫灌。争取在 6 月 20 日左右齐苗，湿润灌溉以利出苗。齐苗至 3 叶期前以灌跑马水为主，3 叶期后逐步建立浅水层，4 叶期要保持田间湿润或浅水层，分蘖期要保持水层，拔节、孕穗、抽穗、灌浆期要适当加深水层，黄熟期方可断水。对于地势高、保水差的田块，一定要补水，全生育期内，田面不能干裂。促进分蘖早生快长和以水抑草，在达到计划穗数苗的 70%～80%时，分次轻晒田，协调群体保稳长。拔节孕穗期，间隙灌溉，强根壮秆争大穗。后期干干湿湿，养根护叶，活熟到老，严防因脱水过早影响千粒重和产量。

7. 及时防治病虫害

直播稻的病虫种类和发生危害时期与移栽稻略有不同。前期稻象甲和稻蓟马、稻飞虱往往造成危害，导致缺苗断条和僵苗不发，中期根据病虫测报和田间病虫发生情况分次喷药防治；后期重点防治稻纵卷叶螟、稻飞虱、稻曲病。特别注意的是直播稻成熟期相对较迟，要密切注视穗瘟病的发生与危害。其他病虫如纹枯病、白叶枯病三化螟等，也要根据病虫情报及时做好防治工作。

扫一扫

3. 黑龙江建三江七星农场水稻机械化种植全过程

任务小结

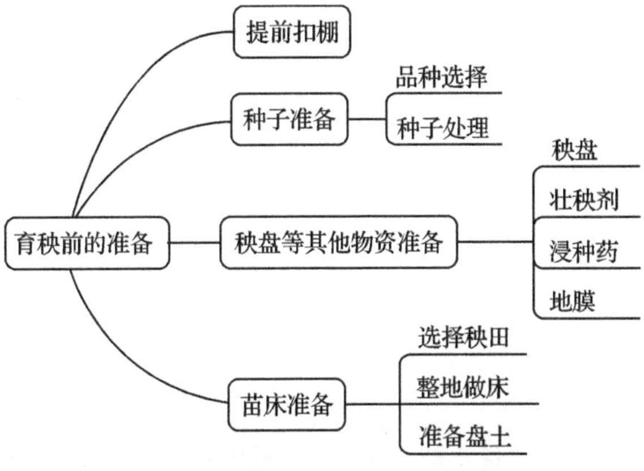

任务练习

1. 简述水稻置床的标准。
2. 简述水稻种子处理的全过程。
3. 简述水稻种子催芽的方法及注意事项。

任务二　机械化育秧

任务描述

培育壮秧是水稻生产的第一个环节，也是十分重要的生产环节。早、中稻秧田期占水稻全生育期的1/4～1/3，占营养生长期的1/2～2/3，稻苗在秧田期生长的好坏，不仅影响正在分化发育中的根、叶、蘖等器官的质量，而且对移栽后的发根、返青、分蘖，乃至穗数、粒数、结实率都有重要的影响。因此，壮秧是水稻高产的基础，农谚有“秧好一半谷”“谷从秧上起”“好秧出好谷”等说法。

任务资讯

一、秧苗素质要求

(一)培育壮秧的意义

育秧可以集中在小面积的秧田中进行，做到精细管理，培育壮秧；调节茬口，解决前后作矛盾，有利于扩大复种；集中育秧可以经济用水、节约用种等，降低生产成本。

(二)旱育壮苗量化标准

旱育中苗叶龄3.1～3.5叶，秧龄35 d左右，株高13 cm左右，百株地上部干重3 g以上；大苗叶龄4.1～4.5叶，秧龄35～40 d左右，株高17 cm左右，百株地上干重4 g以上，带1～2个分蘖。中苗地上部3、3、1、1、8，大苗地上部3、3、1、1、1、8、11，即：地上部中茎长3 mm以内，第一叶鞘高3 cm以内，第1叶叶耳与第2叶叶耳间距1 cm、第2叶叶耳与第3叶叶耳间距1 cm左右，第3叶叶耳与第4叶叶耳间距1 cm左右(大苗)，第1叶长2 cm左右、第2叶长5 cm左右、第3叶长8 cm左右，第4叶长11 cm左右(大苗)；地下部分为1、5、8、9、11(大苗)，即种子根1条，鞘叶节根5条，不完全叶节根8条，中苗的第1叶节根9条突破待发，大苗第1叶节根9条、第2叶节根11条突破待发。生产上要求旱育中苗10条以上根系，大苗具有20条以上根系。

(三)旱育壮苗外部形态标准

(1)根白而旺

根系发达，根多色白，同伸节位根数足，须根多，根毛多，盘根牢固，撤掉秧盘提起不散。

(2)扁蒲粗壮

茎部扁宽粗壮呈扁蒲状，第1叶鞘高适中，叶耳间距匀称，压倒后能迅速弹起。

(3)苗挺叶绿

苗身硬朗有劲，叶态挺拔，叶色不浓不淡，叶片长度符合旱育壮苗量化标准。

(4)龄期适宜

秧苗叶龄及秧龄适宜,足龄不缺龄,适龄不超龄。

(5)均匀整齐

群体叶龄一致,秧苗高矮一致,粗细一致,色泽一致,没有楔子苗、病苗和徒长弱苗等。

二、软盘机械化育秧

软盘机械化育秧具有成本低、秧块标准化程度和育秧成功率相对较高等特点,故依然有不少种田农户或大户采用该育秧方式。

(一)软盘机械化育秧机械

由于受标准化、机械化程度的限制,软盘育秧一般只能实现半机械化育秧,因此,所选用的机具主要是手推式育秧播种机(图 3-10)、电动精密播种机(图 3-11)和手推式育秧覆土机(图 3-12)。

图 3-10　手推式育秧播种机

图 3-11　电动精密播种机

图 3-12　手推式育秧覆土机

(二)软盘机械化育秧技术

1. 摆盘技术标准

机插盘育苗在置床化冻 30 cm 以上开始摆盘,边摆盘边装土,达到标准如下(图 3-13、图 3-14)。

①平　盘面盘底“二平”。

②厚　普通秧盘盘内装土厚度 2 cm,钵形毯式秧盘盘内装土厚度 2.5 cm。

③匀　盘土厚薄均匀一致,误差不超过 1 mm。

④实　边摆盘边装土边用木拍子压实。

⑤紧　盘与盘间衔接紧密,边盘用细土挤紧。顺摆秧盘摆在外侧,以提高边苗利用率。

⑥直　横平竖直,每 10 延长米误差不超过 0.5 cm。

⑦齐　秧盘摆放整齐。

⑧净　秧盘上干净整洁无杂物。

⑨垫　毯式秧盘与置床之间铺 1 cm 拌好壮秧剂的过筛细土。

⑩防　摆盘后覆膜,防止盘土内的药、肥、酸挥发及水珠降落把盘土砸出坑。

图 3-13　摆完盘的秧棚

图 3-14　软盘摆盘作业

2. 苗床浇水技术标准

播种前 1～2 d 采用微喷或育苗水泵配备细眼喷头进行苗床浇水，床土 10 cm 处于饱和状态，达到平、匀、透、补标准。

①平　浇水后不能改变盘土原有的平度，如果出现浇水冲击导致盘土移位，要在盘土表面铺一层透水性好的无纺布等。

②匀　苗床要全方位均匀浇水。

③透　苗床要分 2～3 次浇透底水，标准是置床下 20～30 cm 内土壤达到饱和状态。

④补　播种前根据盘土软硬程度适量补水，待盘土表面无明水后进行播种。

3. 苗床播种、覆土技术标准

(1)播量

一般手插旱育中苗，每平方米(6 盘)芽种(发芽率 90%以上，下同)250～300 g，盘育机插秧每平方米播芽种 500～600 g。大苗插秧(5 个叶秧苗)，每平方米播种子 200 g(0.2 kg)；中苗插秧(4 个叶秧苗)，每平方米播种子 275 g(0.25～0.3 kg)。播量不能大于上述播量，因大苗多一个叶片，每平方米播种子 200 g 条件下，稻种 5 000～5 200 粒，1 m^2 秧田可插 80 m^2 大田。中苗比大苗少 1 片叶，播量相对大一些，每平方米落粒数 6 800～7 000 粒，中苗插秧时每穴比大苗多 1 株，所以中苗的秧田与大田比例仍然是 1∶80。

(2)播种机调试标准

在未摆盘的置床或大棚外平整场地上铺一层苫布或农膜后，摆上播种机轨道。在播种机轨道内均匀摆放 9 个 100 cm^2 的接种盒，进行播种机播种量及匀度调试。应当重复 3 次播种试验，当每个盒的粒数与设计粒数的误差，电动精密播种机不超 1%，手动播种机不超 2%时方可进行苗床播种。

(3)播种

在秧盘两边架好播种机导轨，将播种机置于导轨上。匀速推动播种机，将稻种均匀地播到秧盘中，确保均匀到盘边盘角。用电动精密播种机器进行播种，播种时播种机器匀速作业，中间不能停车，要求播量准确，播种均匀，无空穴、漏播、重播、压摞等现象。

(4)覆土

播后压种，使种子三面入土，然后用手推覆土机装上准备好的覆盖土进行覆土，厚度为

0.7～1.0 cm。覆盖土可混拌适量有机肥，但不能加入肥料、壮秧剂等，覆土要求厚薄一致、到边到角、覆盖严密。

(5)覆膜

为防止水分蒸发，提高温度，有利于出苗可盖一层地膜。

三、暗室叠盘机械化育秧

(一)暗室叠盘育秧设备

(1)床土加工设备

床土筛选机 1 台(图 3-15)，主要用于育秧基质或营养土的过筛，清除基质或营养土内的石块等杂物。

(2)播种育秧设备

育秧播种流水线(图 3-16)，自动叠盘机，秧盘托架，叉车，运输车，智能化温湿控制系统等。

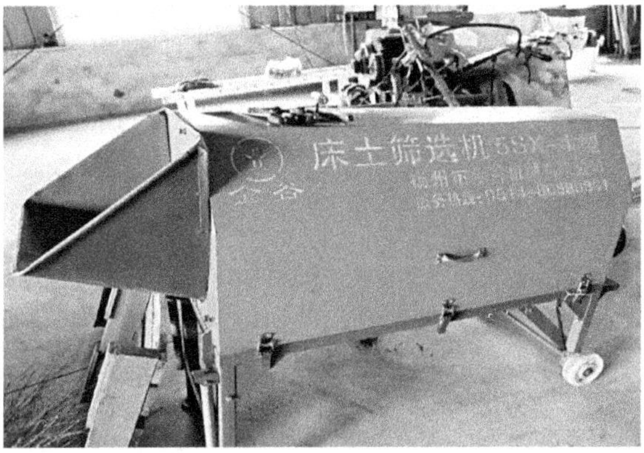

图 3-15　床土筛选机

图 3-16　育秧播种流水线

(二)暗室叠盘育秧技术

1. 育秧基质准备

常选用育秧专用基质，每亩准备新基质约 80 L，旧基质约 110 L。每亩大田准备暗室育秧专用秧盘 13～15 张，秧盘规格为内径长 58 cm 宽 28 cm 高 3 cm，有卡槽，利于叠盘，比常规秧盘高 0.5 cm。

2. 流水线播种

采用播种流水线精量播种，能一次性完成摆盘铺土、喷水、播种、覆土、走盘等过程。播种前调试好播种量、装土量、覆土量和洒水量，底层土厚度约 2 cm，覆土厚度 0.3～0.5 cm，以不露种子为宜。标准秧盘播种量常规稻为每盘 100～120 g，杂交稻为每盘 60～90 g。对秧盘喷水要出水均匀，流速稳定，做到盘面不积水底面湿透但不滴水。

3. 恒温暗室叠盘出苗

一般流水线末端加装叠盘和自动上料等装置，将流水线播种后的秧盘叠盘堆放，每 20～25 盘一叠，最上面放置一张装土而不播种的秧盘，每个托盘放 6 叠秧盘，共 120～150 盘；用叉车等运送托盘至暗出苗室，按序摆放(图 3-17)。如果是因地制宜利用育秧大棚等场地进行叠盘出苗而无专用托盘的，可用木架等替代托盘；叠好秧盘后覆盖棉毯并浇湿棉毯，以保持盘土潮湿促进出苗。叠盘出苗期间，温室内保持温度 30～32 ℃、相对湿度控制在 85%左右，防止温度超过 33 ℃，否则容易造成胚轴拉长，过多消耗种子养分，降低秧苗抗逆能力。利用育秧大棚等场地进行叠盘出苗的，根据气温变化，及时做好棚门闭、开等工作。在暗室育秧盘放置 48～72 h，待种芽立针，芽长 0.5～1.0 cm 时用叉车等移出，供给各育秧点育秧。

图 3-17　暗室叠盘育苗

4. 育秧场炼苗

各育苗场根据实际情况合理摆盘育秧并盖上无纺布保湿，早稻秧盘摆放在育秧大棚或秧板上搭拱棚保温保湿。大棚温度控制在 22～25 ℃。最高不能超过 30 ℃，最低不能低于 10 ℃，秧苗 2 叶 1 心时若温度达到约 28 ℃，要揭开无纺布，以防灼伤秧苗。秧苗 2 叶 1 心前根据天气每天喷淋 1 次，2 叶 1 心后上齐盘水，并自然落干，做到“晴天满沟水，阴天半沟水”。注意通风及苗期病虫害防治，尤其是立枯病、青枯病、绵腐病和恶苗病。

5. 秧苗管理

各育秧点根据实际情况合理摆盘育秧，早稻秧盘摆放在塑料大棚内的秧板上，搭拱棚保温保湿，大棚育秧温度控制在 18～25 ℃，白天不超过 30 ℃，夜晚不低于 10 ℃，单季稻和连作晚稻可直接露天摆盘育秧。注意控水、通风炼苗及苗期病虫害防治，尤其要注意立枯病和恶苗病的防治。

暗室叠盘育苗可缩短出苗时间 7 d 左右，秧苗长势分布均匀，每穴茎数均匀一致，秧苗素质优于常规毯式秧盘秧苗(图 3-17)。因秧盘不易变形，摆盘衔接紧密，不出现涨盘，插秧时上下盘衔接好，不丢苗，减少补苗工作量。

任务实施

水稻秧苗素质考查

(一)目的要求

掌握考查水稻秧苗素质的方法，能利用水稻壮秧标准评价水稻秧苗素质并能指导生产。

(二)材料用具

水稻秧苗、小铲锹、米尺、镊子、烘样盘、烘箱、铁筛、计算器、铅笔、记录纸等。

(三)操作步骤

移栽前于秧田中间连根挖取 5 个样点，每点取样面积 25 cm^2，将秧苗置于铁筛中，洗净根部泥沙。每点取大小适中秧苗 2～10 株，共 10～50 株，分别考查以下项目，并将考查结果填入表 3-2 中。

表 3-2　水稻秧苗素质考查汇总表

<table>
<tr><th rowspan="2">项目
株号</th><th rowspan="2">叶龄</th><th rowspan="2">茎绿叶数</th><th rowspan="2">株高</th><th rowspan="2">第 1 叶鞘长</th><th colspan="3">叶长</th><th rowspan="2">单株带蘖数</th><th rowspan="2">分蘖苗百分率</th><th rowspan="2">苗基部宽度</th><th colspan="3">根数/条</th><th colspan="2">成秧情况</th></tr>
<tr><th>第 1 叶</th><th>第 2 叶</th><th>第 3 叶</th><th>白</th><th>黄</th><th>黑</th><th>成秧率/%</th><th>烂秧率/%</th></tr>
<tr><td>1</td><td></td><td></td><td></td><td></td><td></td><td></td><td></td><td></td><td></td><td></td><td></td><td></td><td></td><td></td><td></td></tr>
<tr><td>2</td><td></td><td></td><td></td><td></td><td></td><td></td><td></td><td></td><td></td><td></td><td></td><td></td><td></td><td></td><td></td></tr>
<tr><td>…</td><td></td><td></td><td></td><td></td><td></td><td></td><td></td><td></td><td></td><td></td><td></td><td></td><td></td><td></td><td></td></tr>
<tr><td>平均</td><td></td><td></td><td></td><td></td><td></td><td></td><td></td><td></td><td></td><td></td><td></td><td></td><td></td><td></td><td></td></tr>
<tr><td colspan="16">评价结论(是否为壮秧，要依据)</td></tr>
</table>

(1)主茎绿叶数和叶龄　计每一单株的绿色叶片数和秧苗的叶龄，求平均值(下同)。

(2)苗高　从苗基部至最长叶片顶部的高度，单位：cm(下同)。

(3)第 1 叶鞘长　从苗基部至第 1 叶叶枕的长度。

(4)第 1 叶、第 2 叶、第 3 叶叶长　各叶片分别从叶枕至叶片顶部的长度。

(5)单株带蘖数　平均单株带蘖个数。

(6)分蘖苗百分率　有分蘖的秧苗数占考查秧苗株数的百分率。

$$分蘖苗百分率=\frac{有分蘖的秧苗数}{考查的秧苗总数}\times 100\%$$

(7)秧苗基部宽度　把 10 株秧苗平排紧靠，量其基部宽度。

(8)根数　取 10 株苗，数计总根数(根长在 1.5 cm 以上)，并分别计数白根数、黄根数和黑根数。

(9)叶耳间距　分别量取各叶耳间距，单位 cm。

(10)成秧率和烂秧率　将各样点的全部成秧数和烂秧数(包括哑谷、烂芽、烂种、死苗)进行统计,然后按以下公式计算。

$$成秧率=\frac{成秧数}{总秧苗数(包括烂秧在内)}\times 100\%$$

$$烂秧率=\frac{烂秧数}{总秧苗数(包括烂秧在内)}\times 100\%$$

将秧苗素质考查结果与壮秧标准进行对照,判定其是否为壮秧。

(四)考核标准(表 3-3)

表 3-3　考核标准

序号	考核内容	考核要点	分值	评分标准	扣分	得分
1	材料用具准备	材料准备齐全	10	缺一项扣 1 分		
2	样点选取	样点选取科学有代表性	10	样点选取不科学扣 1～5 分,没有代表性扣 1～5 分		
3	秧苗处理	秧苗处理方法得当,泥沙清洗干净,不伤苗	20	秧苗处理方法不得当扣 1～5 分,泥沙清洗不干净 1～5 分,有伤苗扣 1～10 分		
4	考查项目	考查项目全,考查方法正确,数据记录准确	40	考查项目不全,缺一项扣 2 分,考查方法不正确,扣 1～10 分,数据记录不准确,一项扣 2 分		
5	场地清理	操作场地(台面)干净整洁,物品摆放整齐,实训后物品归位	10	操作场地(台面)不干净整洁扣 1～3 分,物品摆放不整齐扣 1～3 分,实训后物品没有归位扣 1～3 分		
6	团队协作	各成员都积极参与,分工协作,任务完成快	10	有成员没参与一人扣 2 分,分工不明确,团队合作不佳扣 1～5 分,任务完成得慢扣 1～2 分		

案例分析

某种植户的秧田中稻株高矮、大小严重不一致,出现好多楔子苗、弱苗、芽干籽等,地表清晰可见没变化的稻籽(图 3-18),请分析原因并提出如何避免此现象出现。

图 3-18　水稻苗床出苗情况

知识拓展

水稻湿润育秧

湿润育秧也称通气湿润育秧，是干耕干耖干耙做秧板，整平后上水验平，然后播种，3 叶期前保持沟中有水，3 叶期后畦面建立水层的育秧方法。湿润育秧的技术关键如下。

(一)播前准备

首先应选好秧田。秧田应选择地势平坦、土质疏松、肥力较高、灌排方便、水源洁净、无病源、杂草少、距大田较近的田块。

湿润秧田的做法是：先干耕干耙，然后在秧田内做成 1.3～1.6m 宽的板，秧板之间开沟，一般沟宽和沟深均为 17～20 cm。秧板毛坯做好后，再上水验平。要求达到平、软、细，表面有一层浮泥，便于种谷黏附。下层要软而不糊，以利透气和渗水。

施足秧田基肥是培育壮秧的基础。秧田基肥应强调有机肥与无机肥相配合，氮、磷、钾齐全，有机肥以腐熟的土杂肥、厩肥为主，基肥要浅施。

播前还应做好晒种、精选种子、浸种和催芽等工作。

(二)播种

待秧板面软硬适度时即可播种。播种最好在上午进行，以争取利用中午温度高的时间生长扎根。播种要均匀，匀播是稀播的重要一环，稀播若不匀播，就会造成秧苗个体差异很大。因此，提倡按板面定量落谷。播种之后即行塌谷，以种子半粒陷入泥中为好。塌谷之后用过筛细肥、砻糠灰、陈草木灰、腐熟细碎的猪厩肥等盖种，有保温、防晒、防雨、防雀害等作用。覆盖物要厚薄适当，均匀一致，以盖没种子为度。

(三)秧田管理

(1)现青扎根期

从播种到立苗(1 叶 1 心期)，是秧苗生育的第一转变期。这一阶段的关键技术措施是保持秧板湿润而无积水，保证足够的氧气供应。管理要求是：晴天满沟水，阴天半沟水，毛毛雨天排干水。在遇暴雨天气时上薄水层护苗，但雨后要随即排水。

(2)离乳期

秧苗 3 叶期前后，胚乳养分已经耗尽，是秧苗由异养到自养的转折期。这一阶段的关键措施是早施断奶肥，即在秧苗 1 叶 1 心期施用。用量一般为标准氮肥 112.5～150 kg/hm^2。离乳期前后田间应建立浅水层。

(3)离乳至移栽期

这是秧苗生育的第三个转变期。这一阶段的管理目标是调节好秧苗体内的 C/N，提高秧苗的发根能力和抗植伤能力。关键措施是施好起身肥。首先应在稀播、早施断奶肥的基础上，施好接力肥，使秧苗在移栽前 7～8 d，叶色自然褪淡，再在此基础上，于移栽前 3～4 d 重施起身肥。用量一般为标准氮肥 150～225 kg/hm^2。这一时期的水分管理应以浅水层灌溉为主。在秧苗生长过嫩或秧田过烂时，可采用间歇灌溉，但要防止脱水过久，否则扎根过深，导致拔秧困难。

除上述管理外，还应及时做好病虫防治、灭除草和防鼠雀等工作。

思政园地

农业技术推广人员职业道德规范

(一)热爱农村,了解农业
(二)服务农民,学习农民
(三)掌握技术,精益求精
(四)深入实践,亲自动手
(五)热诚服务,注重信誉
(六)合作共事,平等团结
(七)服务社会,维护集体
(八)艰苦创业,科技兴农

任务小结

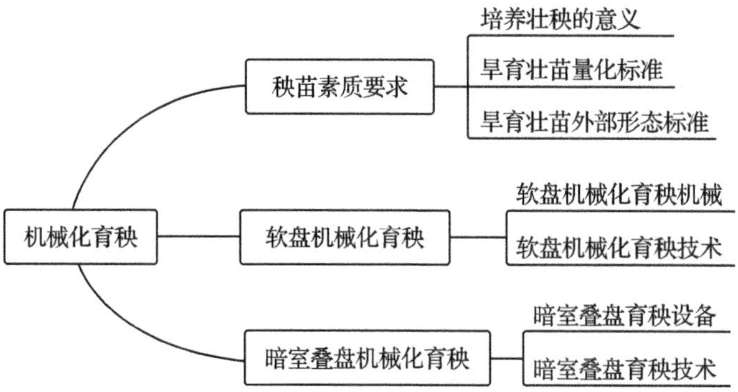

任务练习

1. 简述水稻壮秧标准。
2. 简述水稻育秧摆盘技术标准。
3. 简述水稻暗室叠盘育秧技术流程。

任务三　育秧期管理

任务描述

水稻苗期管理的好坏直接影响秧苗的素质,苗期管理得好,小苗健壮,在苗床上就有分蘖,根系好,小苗不宜得病,插秧后缓苗快,为高产稳产打好基础。

任务资讯

一、管理工具

秧田管理必备温度计 2 支、秤、量杯、喷雾器、喷壶、秧田管理指标卡 1 份、智能化监控设施及 pH 试纸或 pH 测定仪等。

二、温度计摆放

育秧大棚内应摆放 2 支温度计测量床和棚内温度变化，温度计用支架分别摆放在距两侧棚头 20 m、距中间步道 30 cm 处，播种后放于床面上地膜下，秧苗出土后温度计始终放置于秧苗第一叶尖下 1 cm 处。秧田温度计必须与标准气象温度计校正后方可使用。

三、秧田管理技术

(一)种子根发育期

播种后到不完全叶抽出，需 7～9 d，此期突出“育苗先育根，育根先育种子根”的原则，以培育健壮种子根为主，种子根仅 1 条，要求根系粗长、须根多、根毛多。

1. 温度管理

以密封保温为主，如遇 33 ℃以上高温，应打开大棚两头开始肩部通风，下午 4～5 时关闭通风口，最适温度 25～28 ℃，最低温度不低于 10 ℃。

2. 水分管理

水分管理要保证实现旱育，在浇足底水的前提下，此期一般不浇水。如湿度过大或局部过湿(积水)时白天撤膜蒸发散墒，晚上再盖上地膜，促进旱生根系生长；如果发现出苗顶盖现象，或床土变白水分不足时，要用树条等敲落顶盖，局部露种处要适当覆土，用喷壶适量补水，接上底墒；覆土过厚处要适当挠掉，确保出苗整齐一致。浇水时要用水温 16 ℃以上(最适温度 18～20 ℃)的温水浇苗，严禁用温度低于 10 ℃的冷水浇苗，严防冷害。

3. 防鼠和防蝼蛄危害

发现苗床有蝼蛄虫道时及时喷撒 800 倍液的敌百虫或敌敌畏药液，有鼠害时床周撒施防鼠剂。

4. 异常现象、原因及处理

①烂种　原因是催芽温度过高或覆土过深。烂芽：主要是低温水多缺氧，有机质过多或施未腐熟有机肥料，病菌侵入而产生芽腐。对此要选用发芽率高的种子，适温催芽，施腐熟的肥料，不过早播种，还要防止床土过湿。发现烂秧(烂种、烂芽)时，每平方米苗床用硫酸铜 1∶1 000 混合液 25 kg 喷施床土上，可收到良好效果。

②出苗不齐　原因是选种不严格，浸种消毒不好，催芽不整齐，覆土过厚，床土过干，置床不平等。

③楔子苗　主要原因是选种不严等。

④白芽　主要起因是撤地膜过晚，苗床湿度大，温度低，光照强度弱等。可晾床增温，除去地膜，提高光照来尽快缓解。

(二)第 1 完全叶伸长期

第 1 完全叶露尖到叶枕露出，叶片完全展开，需 5～7 d。管理重点是控制第 1 叶鞘高度和鞘叶节根条数至壮苗标准。

1. 温度管理

秧苗第一叶尖下 1 cm 处温度控制在 22～25 ℃，最高温度不超过 28 ℃，最低温度不低于 10 ℃，要及时通风炼苗，晴好天气自早上 8 时至下午 3 时要打开通风口，炼苗控长；如遇冻害，早晨提早通风,缓解冻叶枯萎。

2. 水分管理

水分管理除苗床过干处补水外,一般少浇或不浇水,使苗床保持旱育状态(浇水时水温控制在18 ℃以上,最适水温20～22 ℃),严禁使用15 ℃以下的水浇苗,严防冷害伤苗。此期要及时排除大棚四周排水沟中的积水,严防水分过多浸润苗床造成湿润育苗,影响秧苗根系发育。

3. 防除杂草

在稻苗1.1叶期,每100 m^2 选用16%敌稗乳油150～175 mL防除稗草。

4. 防治水稻立枯病

(1)症状

立枯病是一种土传病害。水稻立枯病较为复杂,常见的有如下几种症状。

①芽腐　发生在幼苗出土前后,幼苗的幼芽或幼根变褐色,病芽扭曲至腐烂而死,在种子或芽基部生有白色或粉红色霉层。

②针腐　幼苗立针期到2叶期,病苗心叶枯黄,叶片不展开,茎基部变褐,种子与茎基交界处有霉层,潮湿时茎基部软弱,易折断。有时叶鞘上生有褐斑,病根也逐渐变为黄褐色。

③黄枯　发生于3叶期,病菌叶尖不吐水,并逐渐萎蔫、枯黄,仅心叶残留少许青色而卷曲,茎基部变褐、软腐易折断。

(2)发病原因

土壤消毒不彻底,气候失常(持续低温或气温忽高忽低),苗期管理不当等,利于此病发生。

(3)防治措施

在床土调酸、消毒基础上,严格控制大棚温度和湿度,早晚及时打开和关闭棚门,降低发生立枯病的发病条件。秧田发现中心病株时,用pH 4.0～4.5酸水,配合药剂喷雾。在水稻1.5～2.5叶期,用30%恶·甲水剂1～1.5 mL/m^2 或30%恶霉灵(土菌消)3～4 mL/m^2,兑水3 L喷雾。严格做到边喷药边喷水洗苗,严防烧苗现象发生。

(三)离乳期

第2叶露尖到第3叶展开,需10～14 d,经历两个叶龄期,此期胚乳营养已基本耗尽,第2叶生长较快,第3叶生长较慢。管理重点是控制秧苗茎叶徒长和促进根系健壮生长,使秧苗达到壮苗标准。

1. 温度管理

2叶期苗尖下1 cm处温度控制在22～24 ℃,最高不超过25 ℃;3叶期苗尖下1 cm处温度控制在20～22 ℃,最高不超过25 ℃,最低温度不低于10 ℃。此期要多设通风口,大通风炼苗,棚内湿度大时、下雨天也要通风炼苗。要掌握"低温有病,高温要命"的道理,在连续低温过后开始晴天时,要提早开口通风,防止青枯病(或立枯病)出现;高温天气要提早通风,严防高温徒长;如遇低温冷害秧苗叶片受冻害,应在早晨8时前通风,缓解叶片冻害。2.5叶期温度控制在25 ℃以内,否则可能出现早穗现象,最低气温高于10 ℃时可昼夜进行通风。

2. 水分管理

要严格做到"三看"浇水,一看床面是否发白和根系生长情况,二看早晚叶尖是否吐水及水珠大小,三看午间高温时心叶是否卷曲。如床土发白、根系发育良好、早晚心叶叶尖不吐水或水珠变小,午间心叶卷曲,则在早晨8时左右浇水,一次浇足,浇水时水温要在20 ℃以上(最适水温22～25 ℃),严禁用水温低于18 ℃的水浇苗。

3. 防除杂草

在稻苗 1.5～2.5 叶期，每 100 m^2 用 10%氰氟草酯乳油 7.5～9 mL 防除稗草；每 100 m^2 选用 48%灭草松水剂 25～30 mL 防除多种阔叶杂草；每 100 m^2 选用 48%灭草松 25～30 mL＋10%氰氟草酯 7.5～9 mL 防除稗草等一年生禾本科杂草和多种阔叶杂草。茎叶喷雾兑水量均需 1～3 kg。不能用二氯喹啉酸，易造成潜在药害，5 叶期心叶抽不出，影响分蘖。

4. 防治水稻青枯病

(1)症状

水稻苗期青枯病(图 3-19)是寒地水稻苗床主要病害之一，多发生于稻苗离乳期(3 叶期左右)，秧苗心叶或上部叶片卷成柳叶状，呈青灰色和典型的失水症状，根毛稀少，后期基部变褐软腐，易成簇发生。这是由于离乳期水稻种子原有养分消耗殆尽，地下部根系不发达吸水吸肥能力弱，地上部秧苗水分蒸腾量大，水分供不应求，引起种苗生理性失水造成青枯死苗。属生理性病害。该病发病迅速，往往在 1～2 d 内由点到片大面积发生，严重的整床枯死。

图 3-19　水稻青枯病症状

(2)发病原因

①种苗生育前期气温低后期气温突然升高，地下部根系不发达，吸水能力弱，地上部秧苗水分蒸腾量大，水分供不应求。

②苗床低洼，土壤温度低，水分大，根系发育不良。

③壮秧剂用量过大，根层土壤肥料过多影响根系发育甚至杀伤根系；土壤内肥料溶液浓度过大，引起根系细胞内水分反渗透，造成秧苗脱水。

(3)防治措施

①精心选种与晒种，提高催芽技术，防止种子受伤，提高种子生命力和抗病力。

②适期播种，播种密度不要过大。注意气温变化，不要盲目抢早。

③加强水稻苗床管理。青枯病一般当秧苗长到 3 叶期以后开始发病，此时正值苗床管理和青枯病、立枯病发生的关键时期，按照苗床管理标准，做好通风炼苗。特别是中小棚，揭棚过晚易发生青枯病，夜间温度过低时应用草帘盖苗床，尽量降低苗床内的昼夜温差。

(四)第 4 叶伸长期

旱育大苗从 4 叶露尖到展开，需 6～8 d。促根蘖控茎叶，育成标准大苗。此期秧苗已离乳长大，进入炼苗后期，秧苗第一高度叶下 1 cm 处温度不超过 20 ℃，白天揭开，夜间覆盖。严格按照“三看浇水”标准及时浇水，不使秧苗萎蔫。

(五)移栽前准备期

中苗 3.1～3.5 叶，大苗 4.1～4.5 叶。管理重点是控水蹲苗壮根，在秧苗不萎蔫的情况下，使其处于饥渴状态，蹲苗、壮根，以利于移栽后发根好、返青快、分蘖早。同时做好插前三带工作。移栽前一天带磷：每平方米苗床施磷酸二铵 125～150 g 或每 360 m^2 标准棚施用优美达 1.5～2 kg，少量喷水使肥料粘在苗床上；带药：70%艾美乐或 25%阿克泰 60～80 g/km^2，兑水 30 kg 喷洒预防潜叶蝇；带生物肥：0.15%天然芸苔素 2 g/棚，或生物肥按说明书使用。

起秧、运秧按照当日插秧进度进行，不起隔夜秧，不插隔夜秧。

水稻移栽前 5～7 d，秧田发现水稻苗瘟病株或叶片上有水稻苗瘟急性病斑时，用 40%三环唑 40～50 mL/亩，或 20%三环唑 100 mL/亩，兑水 5 L 弥雾机茎叶喷雾。

任务实施

秧田管理

(一)目的要求

掌握水稻秧田温度、水肥的管理及病虫草害的防治技术等，为水稻提供适宜的生长环境，培育壮秧。

(二)材料用具

水稻秧田、温度计、天秤、量杯、喷雾器、喷壶、秧田管理指标卡 1 份、pH 试纸或 pH 测定仪等。

(三)方法步骤

对种子根发育期、第 1 完全叶伸长期、离乳期、第 4 叶伸长期、移栽前准备期进行水、肥、病、草、虫、异常等进行诊断，采取科学合理措施进行管理，并把管理情况填入秧田管理记录表 3-4 中。

表 3-4　秧田管理记录表

日期	发育期管理项目		水	温	肥	病	草	虫	异常
	种子根发育期	现状							
		措施							
	第一完全叶伸长期	现状							
		措施							
	离乳期	现状							
		措施							
	第 4 叶伸长期	现状							
		措施							
	移栽前准备期	现状							
		措施							

(四)考核标准(表 3-5)

表 3-5　考核标准

序号	考核内容	考核要点	分值	评分标准	扣分	得分
1	材料用具准备	材料准备齐全	10	缺一项扣 1 分		
2	种子根发育期管理	管理措施科学到位，效果好，记录清晰准确	10	管理不及时一项扣 1 分，措施不得当一项扣 2 分，记录不清晰一项扣 1 分		

续表 3-5

序号	考核内容	考核要点	分值	评分标准	扣分	得分
3	第一完全叶伸长期管理	管理措施科学到位，效果好，记录清晰准确	10	管理不及时一项扣 1 分，措施不得当一项扣 2 分，记录不清晰一项扣 1 分		
4	离乳期管理	管理措施科学到位，效果好，记录清晰准确	10	管理不及时一项扣 1 分，措施不得当一项扣 2 分，记录不清晰一项扣 1 分		
5	第 4 叶伸长期管理	管理措施科学到位，效果好，记录清晰准确	10	管理不及时一项扣 1 分，措施不得当一项扣 2 分，记录不清晰一项扣 1 分		
6	移栽前准备期管理	管理措施科学到位，效果好，记录清晰准确	10	管理不及时一项扣 1 分，措施不得当一项扣 2 分，记录不清晰一项扣 1 分		
7	场地清理	操作场地（台面）干净整洁，物品摆放整齐，实训后物品归位	20	操作场地（台面）不干净整洁扣 1～5 分，物品摆放不整齐扣 1～5 分，实训后物品没有归位扣 1～5 分		
8	团队协作	各成员都积极参与，分工协作，任务完成快	20	有成员没参与一人扣 2 分，分工不明确，团队合作欠佳扣 1～5 分，任务完成不佳扣 5～10 分		

案例分析

某育秧大棚中出现株高过高、茎秆细弱、叶片披长、叶色深绿的水稻徒长苗（图 3-20），请分析其产生原因，如何防止此现象出现？

图 3-20　秧苗素质表现

知识拓展

叶龄识别方法

（一）种谷方向判断法

根据水稻叶为 1/2 开的道理，在种谷颖尖一侧的叶为单数叶，相反一侧的叶为双数叶。

(二)主叶脉法

单叶主脉偏右,左宽右窄,双数叶反之(记忆:左单右双)。

(三)最长叶法

最长叶为倒3叶,其上为倒2叶和剑叶。

思政园地

农业管理工作者职业道德规范

(一)艰苦奋斗,全心全意为人民服务,与群众同甘共苦

(二)实事求是,不搞浮夸,进行深入调查研究

(三)执行政策,坚持原则,维护国家、集体和农民的根本利益

(四)深入实际,体察民情,努力减轻农民负担

(五)扶贫帮穷,引导农民共同致富,不能嫌贫爱富

(六)锐意改革,开拓进取,勇于探索,努力创新

(七)发扬民主,科学决策,尊重民意,虚怀若谷

(八)廉洁奉公,遵纪守法,不以权谋私

(九)知人善任,任人唯贤

(十)忠于职守,勇于负责

任务小结

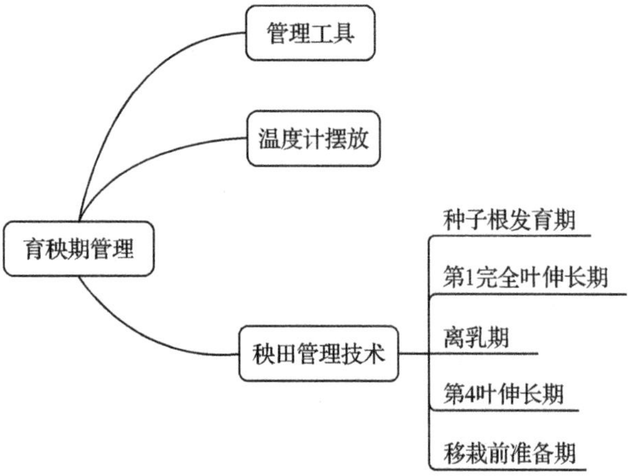

任务练习

1. 简述水稻苗床温度管理技术要点。
2. 简述水稻苗床水分管理技术要点。
3. 简述水稻苗床杂草防除技术。
4. 简述水稻苗床异常现象防治措施。

模块四　水稻插秧机械化技术

教学目标

知识目标

1. 了解水稻插秧机分类方法。
2. 了解高性能插秧机特点及使用条件。

能力目标

1. 能够根据生产实际选择适合的插秧机。
2. 能够保证秧苗及整地质量满足插秧机作业条件。

任务一　水稻插秧机分类与性能

任务描述

机械化插秧是水稻全程机械化发展的重要环节，大力推广水稻机插高产优质栽培技术，不仅能解放劳动力和提高劳动生产率，而且节工、节肥、节水效果明显，是提高水稻综合生产能力、增加稻谷总产和提高稻作效益的重要途径，经济效益、社会效益和生态效益显著。

任务资讯

一、插秧机分类

(一)按操作方式分类

插秧机按操作方式可以分为步进式(图 4-1)和乘坐式(图 4-2)2 种。

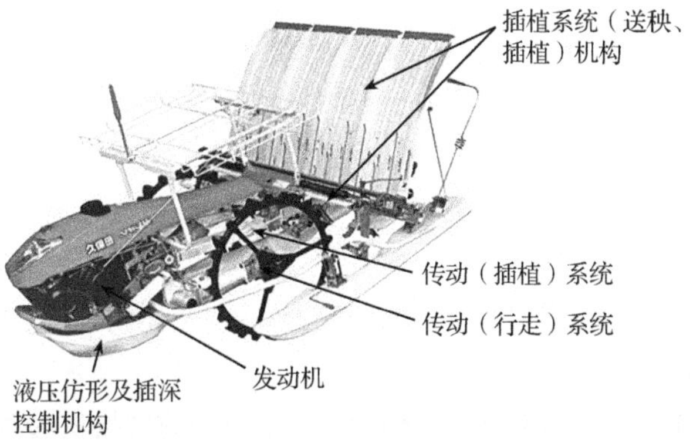

图 4-1　一种步进式插秧机结构示意图

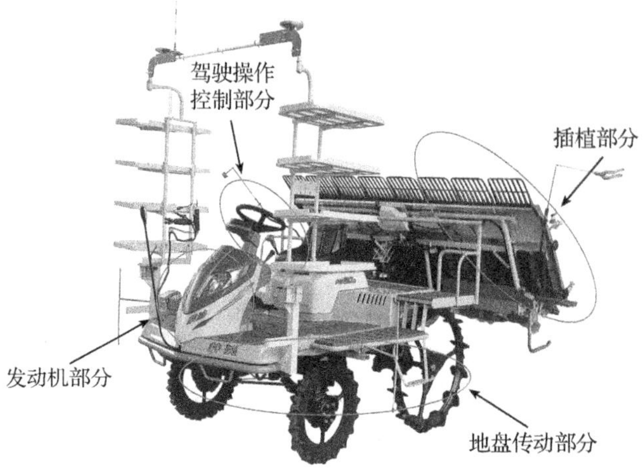

图 4-2　一种乘坐式插秧机结构示意图

(二)按作业行数和行距分类

插秧机按作业行数可分为 2 行、4 行、5 行、6 行、7 行、8 行、9 行、10 行等类型。典型的行距为 30 cm,行数为 2 行、4 行、6 行、8 行(图 4-3)。近几年,因地区、品种和栽插时间的差异,出现了多种行距,如 25 cm、20 cm、18 cm 和 20-40-20 cm 宽窄行等插秧机,同时插秧机的行数也有所变化,衍生出 7 行、9 行的插秧机。

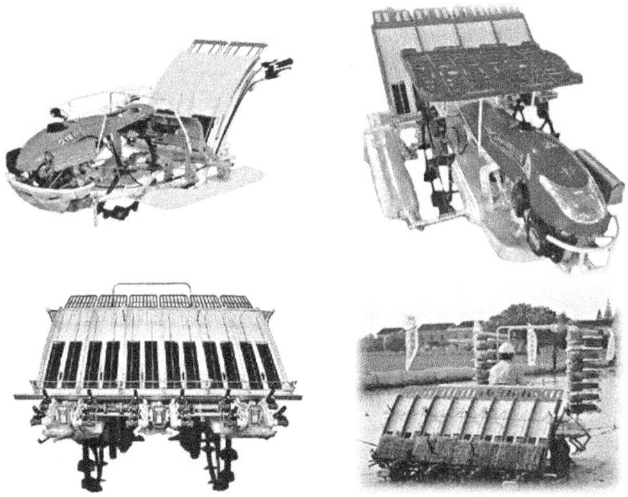

图 4-3　典型的 2 行、4 行、6 行、8 行插秧机

(三)按插植臂作业方式分类

插秧机按插植臂作业方式可分为曲柄摇杆式(图 4-4)和双排回转式(图 4-5)2 种。

(四)按驱动轮数量分类

插秧机按驱动轮数量可分为独轮式(图 4-6)、两轮式(图 4-7)、四轮式(图 4-8)。

(五)按功能分类

插秧机按功能可分为普通插秧机、钵体苗移栽机、侧深施肥插秧机和施肥施药(除草剂)插秧机(图 4-9)。

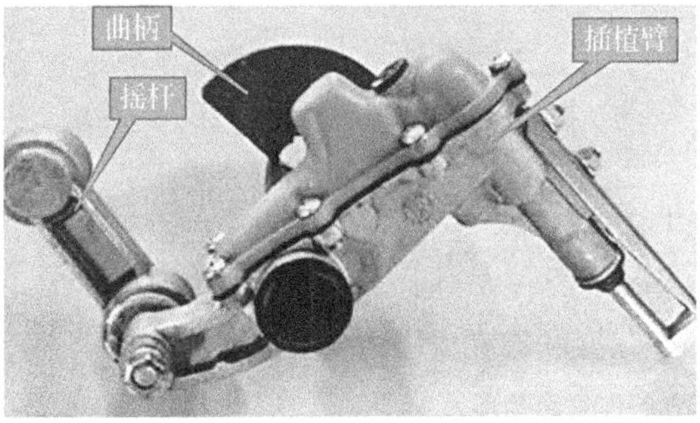

图 4-4　曲柄摇杆式插植臂

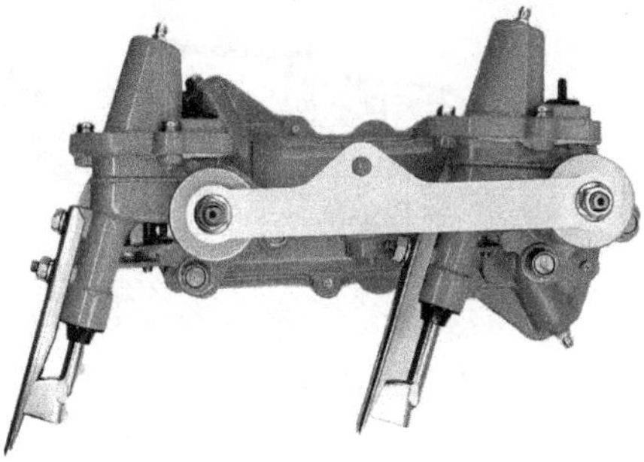

图 4-5　双排回转式插植臂

图 4-6　独轮式 8 行曲柄摇杆插秧机

图 4-7　两轮式 4 行插秧机作业

图 4-8　四轮式插秧机

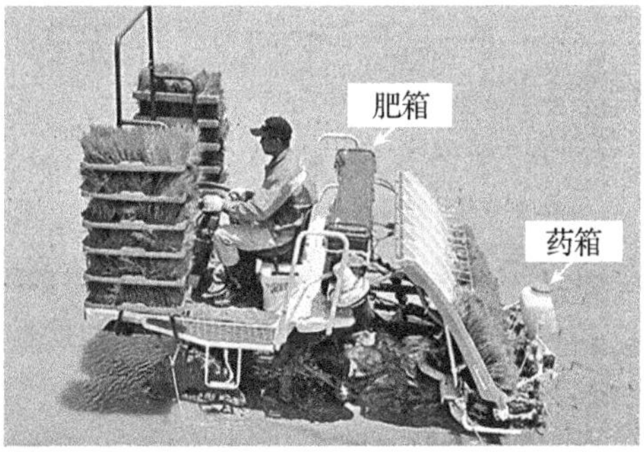

图 4-9　施肥施药(除草剂)插秧机作业

二、高性能插秧机的特点

(一)多轮驱动

高性能插秧机的行走底盘与早期机动插秧机的独轮驱动不同,高性能插秧机不论是步行机还是高速机,均采用多轮驱动,机动性能和水田通过性更好。

(二)液压仿形

高性能插秧机的分体式浮板及液压仿形装置提高了水田作业稳定性,它可以随着大田表面及硬底层的起伏,不断调整机器状态,保证机器平衡和插深一致。同时随着土壤表面因整田方式而造成的土质硬软不同的差异,保持浮板一定的接地压力,避免产生强烈的壅泥起浪而影响已插秧苗,确保了机插质量的稳定(图 4-10)。

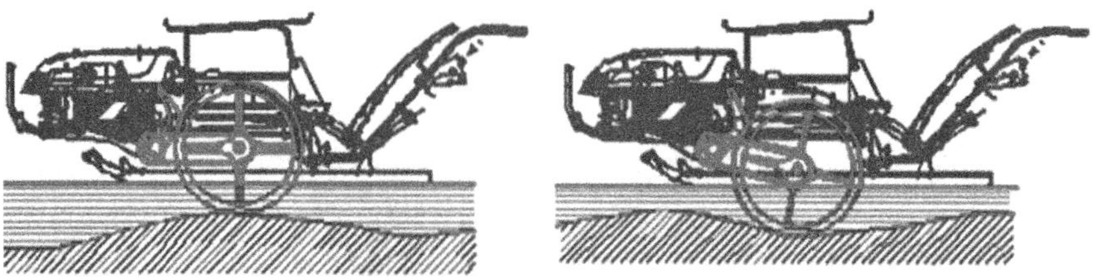

A. 底土层变高，机体下降，插深不变　　B. 底土层回落，机体上升，插深不变

图 4-10　插秧机液压方向作用示意图

(三)切块和量化取秧

高性能插秧机取秧采用切块(抓取秧苗根部的小土块)的方式,可以避免插秧机秧针直接抓取秧苗造成叶伤、折伤、切断等伤秧情况的发生。由于插秧机抓取的是带苗的小土块,改变所取小土块的面积,就可以改变所取秧苗的数量。因此,高性能插秧机上配有调整取秧数量的手柄,由纵向取苗与横向取苗手柄配合能提供 0.86～2.38 cm^2 内 30 个量化的面积和形状,可以方便调整所取秧苗的数量。由机手根据农艺要求进行调节,量化取秧是高性能插秧机的重要特点。

(四)株距和插深可调

高性能插秧机株距可以多挡调节,株距可达 10 mm、12 mm、14 mm、16 mm、18 mm、21 mm、24 mm 等,可以满足不同水稻品种和栽插时间所需要的大田栽插密度。插秧深度也可以多挡调节,标准插秧深度为 5～10 mm,每调整一个挡位,插秧深度就会改变 6 mm。

(五)作业效率高,省工节本增效

乘坐式高速插秧机动力强劲,插秧速度快,每小时可以插植 6～9 亩秧田,远远高于人工栽插的效率。

(六)操作方便,机动性好

高性能插秧机大量采用高强度铝合金、工程塑料等材料,通过先进的工艺及设备制造而成,整机重量轻,从而保证了机器使用的耐久性与可靠性。机电一体化程度高,操作灵活自如,充分保证了机具的可靠性、适应性和操作灵活性。安全舒适、保养简单、踏板宽敞、空间充裕,能够实现更舒适的作业。

三、插秧机对作业条件的要求

机插秧过程中,在正常机械作业状态下,影响栽插作业质量的主要有两大因素,即秧苗质量和大田耕整质量。

(一)秧苗质量

插秧机所使用的是以营养土为载体的标准化秧苗,简称秧块。秧块的标准长×宽×厚尺寸为 58 cm×28 cm×2 cm。长宽宽度在 58 cm×28 cm 范围内,秧块整体放入秧箱内,才不会卡滞或脱空造成漏插。秧块的长和宽规格,在硬盘及软塑盘育秧技术中,用秧盘来控制。在适宜播量下,使用秧盘促使秧苗盘根,保证秧块标准成形。土块的厚度 2～2.5 cm,装盘土时通过机械或人工来控制。床土过薄或过厚会造成秧爪伤秧过多或取秧不匀。

机插秧所用的秧苗为中小苗,一般要求秧龄 15～20 d、苗高 12～17 cm。由于插秧机是通过切土取苗的方式插植秧苗,这就要求播种均匀。标准土块上的播种量,俗称为每盘的播种量，一般杂交稻每盘芽谷的播量为80～100 g，常规粳稻的芽谷播量为120～150 g。插秧机每穴栽插的株数，也就是每个小秧块上的成苗数，一般要求杂交稻每平方厘米成苗1～1.5株，常规粳稻成苗1.5～3株，播种不均会造成漏插或每穴株数差距过大。

为了保证秧块能整体提起，要求秧苗根系发达，盘根力强，土壤不散裂，能整体装入苗箱。同时根系发达也有利于秧苗地上、地下部的协调生长，因此，在育秧阶段要十分注重根系的培育。

(二)大田耕整质量

高性能插秧机由于采用中小苗移栽，因而对大田耕整质量要求较高。一般要求田面平整，全田高度差不大于3 cm，表土硬软适中，田面无杂草、杂物。大田耕整后需视土质情况沉实，一般黏质土壤需要沉淀5～7 d，低洼地沉淀7 d以上，黏壤土沉淀3～4 d，沙壤土沉淀2～3 d，沙质土沉淀1 d左右。若整地沉淀达不到要求，栽插后泥浆沉积将造成秧苗过深，影响分蘖，甚至减产。

任务实施

水稻插秧机应用情况调查

(一)目的要求

了解当地或你熟悉的地区水稻插秧机应用情况，包括插秧机型号、主要特点、性能等情况，并按不同分类方法进行归类。

(二)材料用具

任务单、电子设备、问卷等。

(三)方法步骤

查阅资料或问卷调查，了解当地或你熟悉的地区水稻插秧机应用情况，包括插秧机型号、主要特点、性能等情况，按不同分类方法进行归类并填入表4-1任务单中。

表4-1 水稻插秧机应用情况调查任务单

地点	插秧机型号、品牌	主要特点性能	按操作方式分类	按作业行数和行距分类	按插植臂作业方式分类	按驱动轮数量分类	按功能分类

(四)考核标准(表4-2)

表4-2 考核标准

序号	考核内容	考核要点	分值	评分标准	扣分	得分
1	材料用具准备	材料准备齐全	10	缺一项扣1分		
2	插秧机型号、品牌	调查应用的插秧机型号、品牌	30	调查应用的插秧机型号、品牌不准确一项扣5分		
3	主要特点性能	插秧机主要特点性能描述准确	30	插秧机主要特点性能描述不准确一项扣5分		
4	插秧机分类	插秧机分类准确	30	插秧机分类不准确一项扣5分		

案例分析

请分析智能化无人驾驶水稻插秧机有哪些优势?

知识拓展

水稻机械直播

(一)水稻直播分类

1. 机械化水直播法

机械化水直播法即湿润播种法。为了与机械化旱直播区别,把湿润播种统称为水直播。即按机直播的要求整好大田,大田整好后留浅水,用水直播机将经浸种后催芽至破胸露白的水稻种子直接播入大田,直播机可一次性完成水稻的播种和开沟两项作业,播后田间保持湿润出苗。这种方法的特点是种植规范,行距标准,出苗快,整齐,保持了有序种植的传统,而且种子播在播种机底板压出的播种槽内,使根系扎在土里,比撒播抗倒伏。不足之处是仍需上水整田。

2. 机械化旱直播法

机械化旱直播法是直接用不同型号的水稻旱直播机将浸种或只经处理不浸的种子播入大田。该种方法可一次性完成浅旋、播种、覆土、镇压等多道工序(有的机械还可施肥)。这种方法既保持了有序种植的传统,又比水直播法节省了耕、整大田的工序,最好是在田块平整地上种植,否则不仅不利于保全苗,而且影响化学除草的效果。

(二)水稻直播机械

1. 水稻水直播机

水稻水直播机是在经耕整耙平后的水田中作业的播种机械,具有一套能在道路和水田中行走的行走机构和一套能按特定农艺要求将种子排放在水田内的播种机构。行走转移时,行走驱动轮和尾轮支承机组,切断播种机构的传动,发动机动力经驱动轮作用于道路而行走。田间作业时,更换上水田驱动轮和拆除尾轮,利用水田驱动轮和船板支承机组,发动机动力经水田驱动轮作用于土壤而前进,船板下面的几何形状在水田表面整压出适合水稻生长的种床和田间沟,播种机构利用直接和间接的动力驱动,完成对种子的分种、排种和落种工作,将种子按要求排放到种床上即完成作业。根据播种机构的排种器不同,机具分为常量插种和精量播种两大类。

2. 水稻旱直播机

水稻旱直播机是在尚未灌水的田间播种水稻的作业机械,根据机具作业前的土壤耕作情况可分为常规播种机和旋耕播种机两大类。常规播种机是在土壤经耕翻、破碎和平整作业后,利用机具的开沟器在土壤表面开出一条浅沟作为种床,同时利用地轮动力或主机动力驱动排种器工作,将种子按要求从种箱排出经输种管落入种沟,再利用沟壁土的滑移及覆土器的作用覆盖。旋耕播种机是在留茬田直接浅旋破碎土壤使其达到播种需要的大小而覆盖种子,当土块抛在空中时,排种器由地轮或机具自身的动力驱动排出种子,经输种管和安装在后抛土曲线下的播种头落入种沟,后抛土落在种子上覆盖种子,经镇压轮镇压即完成播种作业。根据排种器最小排种量的不同,机具也分为常量插种和精量播种。

【扫一扫】

4. 智慧农业

任务小结

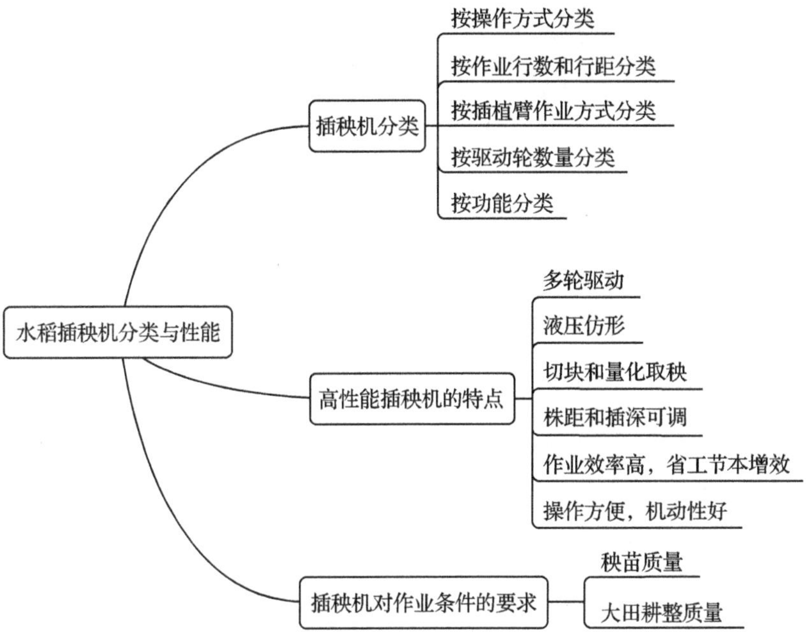

任务练习

1. 目前生产上应用的插秧机有哪些类型？
2. 简述高性能插秧机特点。
3. 插秧机对作业条件的要求有哪些？

任务二　水稻插秧机调整

任务描述

插秧机的正确调整和使用对插秧作业质量的好坏有直接关系，且对提高工效和延长机件的使用寿命也有影响。不同机型的结构虽有差异，但其调整和使用方法基本相同。

任务资讯

一、插植臂注油方法

插植臂油量 25 mL(0＃钼基黄油或高黏度齿轮油)，每天作业前需要确认插植臂内油量是否足够。不足时需要添加，注油量为 1～15 mL。如不及时添加润滑油，则会导致插植臂内部的部件损坏(图 4-11)。

图 4-11　一种乘坐式插秧机插植臂加油口

二、插植臂不运转

首先检查株距主变速手柄和副变速手柄有没有挂到位，然后检查插植离合器起不起作用，最后检查调节株距手柄是否在挡位上。株距手柄调整方法如下。

①副变速杆放在“中立(停止)”挡位置，踩刹车踏板启动发动机(变换挡位时，机器一定要在静止状态)。

②插植臂上升后把解除手柄放在固定位置。

③插植手柄放到插植的位置，并将主变速杆向前推一点。

④变换株距副变速手柄，并检查株距手柄是否在相应的位置。

三、相邻插植臂中有任一组不工作

先检查插秧离合手柄是否在连接位置，然后检查连接插秧离合手柄和单组离合器的拉线是否过松、是否能起到控制离合器的作用。

四、在工作中有一组插植臂不工作并发出“咔咔”声

首先检查插植臂秧针(爪)在取苗口是否打到异物，安全离合器是否起作用，如有，则将异物取出。其次检查秧针(爪)是否打到抵抗棒或导轨取苗口上，如有，则调节插植臂秧针(爪)在取苗口的位置。

五、插植叉不弹出或弹出速度迟缓

检查插植叉轴是否弯曲变形、插植叉是否磨损或严重生锈、压出弹簧是否缺油老化损坏、插植臂里是否严重缺油(图 4-12)。

六、秧针(爪)磨损程度和标准取苗量检查调整

用手动转动插植回转箱，插植叉(推杆)处于弹出状态时，秧针(爪)尖端超出插植叉(推杆)的前端(2±1)mm，秧针(爪)磨损尖端比插植叉前端短 3 mm 以上时需要更换。例如，一种插秧机秧针(爪)安装的标准长度为 83 mm，使用磨损极限为 3 mm，达到 80 mm 就要及时更换秧针(爪)。

插植臂使用过程中或秧针(爪)更换后要重新确认秧针(爪)纵向取苗量：先启动发动机，升起插植部，将液压锁止手柄置于“关”的位置，插植离合器手柄置于“插秧(合)”的位置，副变速

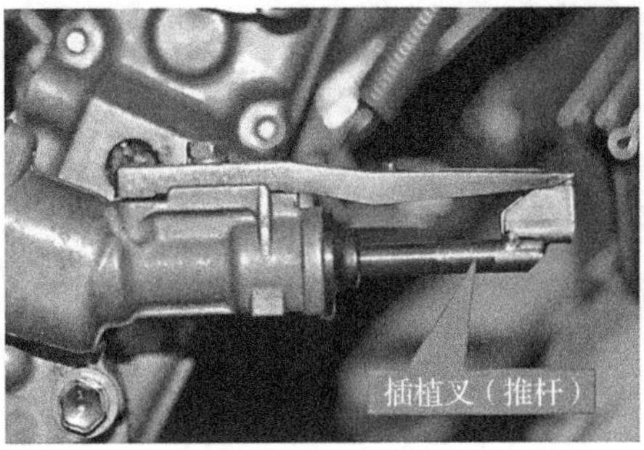

图 4-12 一种乘坐式插秧机插植叉故障实例

手柄置于“中立(停止)”的位置,关停发动机。将纵向取苗量调节手柄放置在中间有颜色标记的“取苗量 13 mm”的标准位置,取苗量规放在导轨上的取苗口位置,然后转动插植回转箱直到秧针(爪)碰到取苗量规。松开插植臂的 2 个 M8 固定螺栓,用手抬起插植臂,将秧针(爪)轻轻地与取苗量规接触,用螺丝刀调节秧爪高度调节螺钉,使秧针(爪)的前端与取苗量规的“取苗量 13 mm”标准位置对齐,紧固插植臂的 2 个紧固螺栓,旋转插植臂,再以同样的要领调节另一个秧针(爪)(图 4-13)。

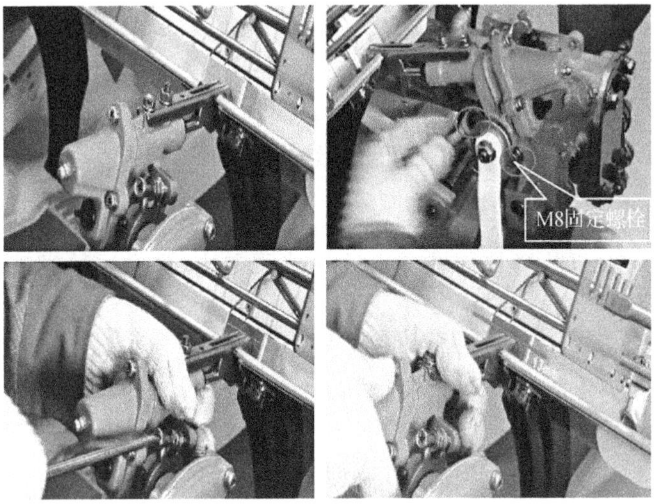

图 4-13 一种乘坐式插秧机插植臂秧针(爪)高度调节流程

七、取苗口与秧针(爪)间隙检查调整

定期确认秧针(爪)是否在取苗口的中间位置,若秧针(爪)的前端没有左右匀称地对准取苗口,会引起取秧的不良后果,需要进行调整,可以通过调整插植回转箱的位置进行调整。具体步骤为:将回转箱的 M8 调整螺母松到螺栓的端面,轻敲螺栓端面,松开锥形销;秧规装在取苗口,轻轻敲击回转箱,调整秧针(爪)到取苗口的中间位置,可将插秧针(爪)的前端对齐秧规的竖沟,拧紧回转箱的锁紧螺母。组装时注意锥形销安装方向,销上有平面的一面要对准轴上有平面的一面(图 4-14)。

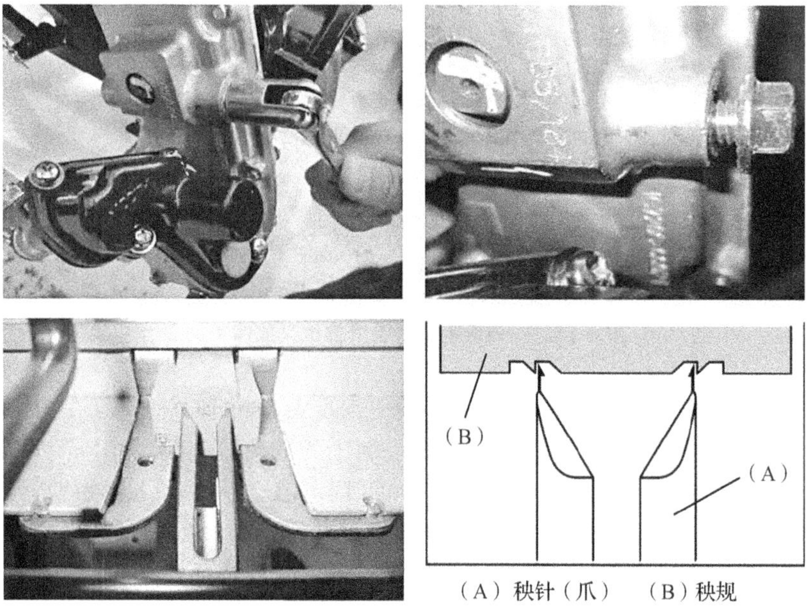

图 4-14　一种乘坐式插秧机取苗口与秧针(爪)间隙调整流程实例及示意图

任务实施

插秧机故障分析与排除

(一)目的要求

能够分析水稻插秧机故障原因并提出排除故障方法,确保插秧机正常工作,保证插秧质量。

(二)材料用具

插秧机、工具箱、易损件备件、润滑油脂、记录卡。

(三)方法步骤

根据故障现象分析故障原因并提出排除方法,把故障原因和排除方法填入表 4-3 中,同时排除插秧机实际故障。

表 4-3　故障分析排除记录表

故障现象	故障原因	排除方法
取秧量忽多忽少		
夹苗		
各行间深浅不一致		
插深调节失灵		
分离针碰秧门		
某组插植臂不工作		

续表 4-3

故障现象	故障原因	排除方法
秧箱跳槽		
秧箱不工作		
送秧抬把后端过高		
送秧轴不转		
送秧轴工作转角小		
送秧轴不工作		
送秧轴间歇工作		
定位离合器手柄卡滞		
主离合器分离不彻底		
定位离合器分离不彻底		

(四)考核标准(表 4-4)

表 4-4　考核标准

序号	考核内容	考核要点	分值	评分标准	扣分	得分
1	材料用具准备	材料准备齐全	10	缺一项扣 1 分		
2	故障原因分析	故障原因分析准确	30	故障原因分析错误一项扣 2 分		
3	故障排除方法	故障排除方法正确	30	故障排除方法错误一项扣 2 分		
4	场地清理	操作场地物品机具摆放整齐有序,实训后物品机具归位	10	操作场地(台面)不干净整洁扣 1～3 分,物品摆放不整齐扣 1～3 分,实训后物品没有归位扣 1～3 分		
5	团队协作	各成员都积极参与,分工协作,任务完成快	20	有成员没参与,一人扣 2 分,分工不明确,团队合作不佳扣 1～5 分,任务完成得慢扣 1～2 分		

案例分析

某水稻田在无人驾驶插秧机插秧后出现漂秧、倒秧、秧苗散乱等现象,请分析原因,如何解决及预防问题?

任务小结

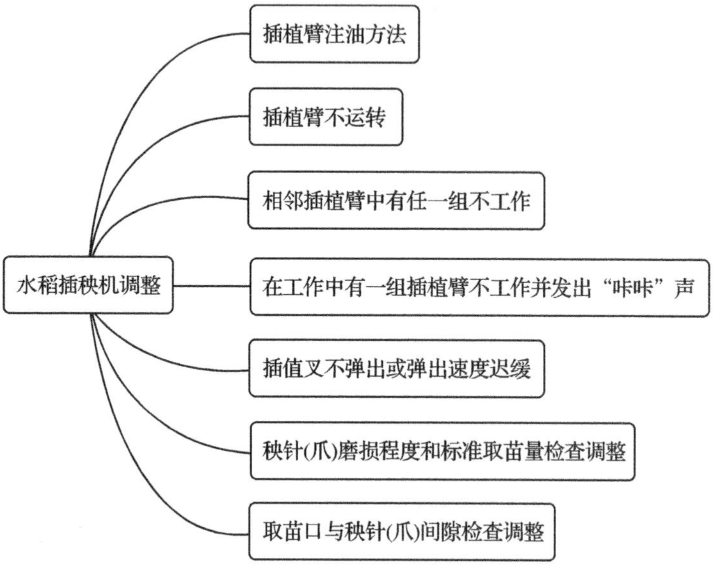

任务练习

1. 使用水稻插秧机前应做哪些准备工作?
2. 水稻插秧机易出现哪些故障?如何排除?

任务三　水稻机械化插秧

任务描述

水稻机械化插秧是水稻机械化生产中的重要环节,水稻机械化插秧质量的好坏直接关系到水稻机械化生产整体水平的发展,必须高度重视水稻机械化插秧的质量。机械化栽插环节是通过高性能插秧机将已育成的秧苗移栽入田间,具有定穴、定量、宽行、浅栽的特点,较人工栽插质量更高,有利于高产稳产、省工节本,是提高水稻综合生产能力、增加稻谷总产和提高稻作效益的重要途径。

任务资讯

一、机械插秧作业方法

(一)插秧方法

首先要在田边留出可供机器往返的空间,从此处沿田块长度方向开始插秧。接近田边时,用主变速手柄减速,然后操作插植离合器手柄,升起插植部。接着将方向盘转向将要栽插的行,进行转向。转向时以中央标记为目标,将划线杆的划线痕与中央标记的位置对准,使机身保持笔直。将插植离合器置于“插秧”位置,降下插植部,再将划线杆设置在下一行程的插秧侧，操作主变速手柄，提高插秧速度。从下一行程起重复插秧，插完田边的秧苗后从出入口出去。

若田间水过深，划线杆划出的痕迹就不易看清，故要把水位降至1～2 cm再作业。也可将侧标杆对准邻行秧苗上方，行距大致保持在30 cm。接近田埂时，考虑剩余行数，必要时进行行数调整，使最后一行可以满负荷插植。如还剩10行时，可在最后行程前一趟，使用插植单元离合器，停止边上2行，最后一趟插满6行(图4-15)。

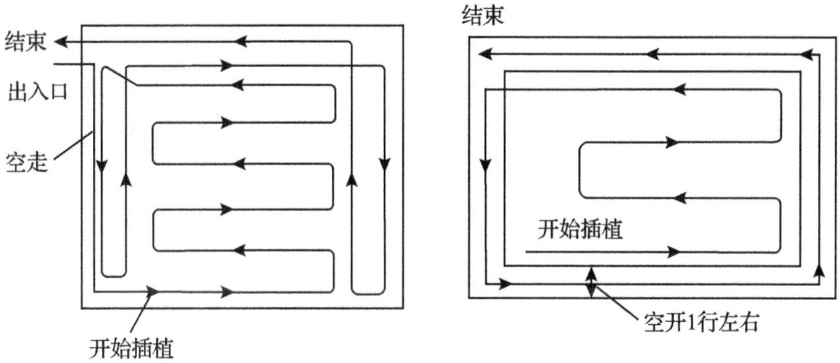

图4-15　乘坐式插秧机两种插秧路线示意图

(二)补苗方法

载秧台秧苗需要补充时，警报器报警，补苗报警灯亮。将脚从变速踏板放开，踩下刹车踏板，将主变速手柄置于“补苗”位置，升起载秧台进行补苗。补苗后，插植升降手柄置于“插植(合)”的位置后，将主变速手柄置于“前进”位置，踩下变速踏板，机器前进继续插植作业。

二、机械插秧技术要求

(一)移栽秧龄

机械插秧时插适龄秧，严禁应用没有达到或超秧龄秧苗栽植。旱育中苗3.1～3.5叶，大苗4.1～4.5叶。

(二)插秧水深

插秧前一天把格田水位调整到1～2 cm(呈花达水状态)，有利于插秧机作业。田面水过少，插秧机行走困难，秧爪里容易粘泥，夹住秧苗，秧槽内易塞满杂物，供苗不匀不齐，甚至折苗，造成缺苗严重；田面水过深，立苗不正，插秧深浅不匀，浮苗缺苗多，插秧机行走过程中易推苗压苗，保证不了插秧质量。

(三)移栽深度

机械插秧的深度是否合适对秧苗的返青、分蘖以及保全苗影响极大，一般插秧深度0.5 cm时易散苗，倒苗、漂苗较多；插秧深度3 cm以上，抑制秧苗返青和分蘖，尤其是低位节分蘖受抑制明显，高位节晚生分蘖增多，分蘖延迟，分蘖质量差，弱苗插深还会变成僵苗；而插秧深度在2 cm左右时，则不出现倒苗、漂苗现象，植株发根较多，生长健壮，分蘖力强。因此，水稻机械插秧深度控制在2 cm左右，插深小于1 cm时，穗虽多，但穗小、不抗倒伏；插深大于2 cm时，穗少而不能高产。

(四)移栽密度

1. 原则

移栽密度总的原则是地力条件好、秧苗素质好的地块宜稀植，地力条件差，秧苗素质差的地块宜密植；积温条件好的宜稀插，积温条件差的宜密插；分蘖能力差的品种易密插，分蘖能力强的品种易稀插。

2. 密度

根据气候条件、土壤条件、栽培水平、种植品种、插秧规格等来合理确定适宜栽培密度，做到合理密植。一般插秧规格为 30 cm×(10～12) cm，25～33 穴/m²，5～7 株/穴，分蘖力差的品种 7～9 株/穴，基本苗数 125～240 株/m²。目前，推广一种宽窄行插秧技术，是利用作物边际优势和高光效应增产的原理，将水稻插秧行距设置为宽行与窄行间隔栽培，一般宽窄行规格为宽行 33～40 cm，窄行 16～20 cm。这种插秧方式具有提高水稻光能利用率、有效降低稻田有害生物影响、边际增产效应明显和利于机械作业的优势。

(五)移栽质量

机械插秧的标准为适、密、浅、正、直、匀、伤、隔、满、扶 10 字标准。

①适　保证做到适时插秧，保证大部分秧苗在高产期时间内完成插秧。

②密　合理密植，保证田间基本苗数。

③浅　插秧深度 2 cm 以内，太浅秧苗不直立，太深不利于秧苗分蘖，栽插深浅整齐一致，不插高低秧、断头秧。

④正　要求秧苗栽的正，不要东倒西歪。

⑤直　秧苗栽的直，往复结合线要准，转弯起落要整齐。

⑥匀　插行穴距规整，每穴苗数均匀。

⑦伤　调整好插秧机降低伤苗率，同时减少运苗时的伤苗率。

⑧隔　不插隔夜秧，因为隔夜的秧苗由于失水冷凉秧苗素质下降，不易使用。

⑨满　地块要插到头、插到边，格田四角插满插严。

⑩扶　插后及时上水护苗，以不淹苗为准。

三、机械插秧质量控制

1. 机插秧发生浮苗现象的原因

①田间土太硬，液压调节手柄没有放到合适的位置。

②田间水太深，插秧速度过快(可以放水并减慢插秧速度)。

③插植杆插植叉弹出缓慢或不弹出。

2. 苗箱上秧苗下滑不良的解决方法

秧苗床土太干，装秧时在苗箱上洒水；秧苗床土太厚，将压苗器向外调节；秧苗要摆放规范到位。

3. 在正常插秧过程中出现漏插的原因

①取苗量太少(可以调节取苗量调节杆)。

②插植臂秧针(爪)高度不一致，部分秧针(爪)取苗量很少。

③插植臂缺油，插植叉工作不良。

④秧苗播种不均匀。

⑤床土太干或太厚，下滑不良（可以在苗箱上洒水并调整压苗器位置）。

⑥泥土太黏或田间缺水，夹在秧针（爪）上插不下去（可以在苗箱上加适量水）。

⑦送秧皮带送苗量太小（可以调节送苗量）。

⑧抵抗棒位置摆放不正确（可以调整抵抗棒到合适位置）。

⑨两块苗接口没接好，在取苗口出现堵秧现象。

⑩秧苗土层太薄，盘根不良，易散苗。

4. 在插秧中出现断苗、折苗的原因

①秧苗土层太薄，盘根不良，易拱苗，在取苗口出现堵秧现象。

②抵抗棒位置不正确（可以调整抵抗棒到合适位置）。

③秧苗太小、秧龄时间短，苗太嫩，容易出现伤秧。

④秧针（爪）磨损严重，更换秧针（爪）。

任务实施

水稻机械化插秧

（一）目的要求

掌握水稻机械化插秧的质量要求及质量控制方法，能解决水稻插秧过程中出现的故障及异常，能运用插秧机完成水稻插秧。

（二）材料用具

水稻秧苗、水稻插秧机、工具箱、米尺、易损件备件、任务单等。

（三）方法步骤

(1)起运秧苗，插秧机调试到可正常工作状态。

(2)按照密度要求进行插秧机插秧。

(3)检查插秧质量，如果有质量问题，要分析问题原因并解决。

（四）考核标准（表 4-5）

表 4-5 考核标准

序号	考核内容	考核要点	分值	评分标准	扣分	得分
1	材料用具准备	材料准备齐全	10	缺一项扣 1 分		
2	起运秧苗，插秧机调试准备	起运秧苗操作规范科学，插秧机调试准备充分，达到正常工作状态	20	起运秧苗操作不规范不科学扣 1～5 分，插秧机调试准备工作不充分扣 1～5 分		
3	插秧机插秧	插秧机操作规范，行走路行合理，工作状态正常	20	插秧机操作不规范扣 1～5 分，行走路行不合理扣 1～5 分，工作状态不正常扣 1～5 分		
4	插秧质量	机械插秧质量符合适、密、浅、正、直、匀、伤、隔、满、扶 10 字标准	30	机械插秧质量没达到标准，一项扣 2 分		

续表 4-5

序号	考核内容	考核要点	分值	评分标准	扣分	得分
5	场地清理	操作场地物品机具摆放整齐有序,实训后物品机具归位	10	操作场地不干净不整洁扣1~3分,物品摆放不整齐扣1~3分,实训后物品没有归位扣1~3分		
6	团队协作	各成员都积极参与,分工协作,任务完成快	10	有成员没参与,一人扣2分,分工不明确,团队合作不佳扣1~5分,任务完成慢扣1~2分		

案例分析

水稻田种植户用无人驾驶水稻插秧机插完秧后发现漂秧过多、插秧凌乱,请分析是什么原因,如何解决?

知识拓展

水稻秧苗抛栽技术

(一)整地与施基肥

1. 深翻整地

抛秧栽培对本田的选择及整地质量的要求较高,必须精耕细作,尤其是小、中苗抛栽对此要求更高。具体地说,抛秧田应具备水源有保证、能及时灌排、田块平整、具有良好的保水、保肥、供肥性能等基本条件。整田的质量要达到平、浅、烂、净的标准,即田面要整平,高低差应控制在 2 cm 以内;水要浅,以现泥水为宜;泥要烂,土壤糊烂有浮泥;使抛栽的秧苗能均匀地落入泥浆中;田面无残茬、瓦砾、僵垡等杂物。为此,整地要尽可能做到旱耕、水耙、横竖耙耥,将残茬尽量翻入土中。

2. 施基肥

基肥施用应结合耕翻整地进行。基肥应以有机肥为主,配施适量的氮、磷、钾化肥。一般每公顷用标准氮肥 525~600 kg(或用稻田专用复合肥),以及菜籽饼或腐熟畜禽粪肥等全层施入,以促进根系下扎,建立发达根系,实现前期早发、中期稳长和后期不早衰的栽培目标。

3. 灌水耙耖,平整田面

灌水后,进行水耙,达到泥浆软烂,力争田面高低差控制在 2 cm 以内。

(二)秧苗抛栽

1. 确定适宜的抛秧期

适时抛秧是水稻高产的基础。根据水稻的生育特点,乳苗可在 1.5 叶抛栽,小苗可在 3.5 叶左右抛栽,中苗可在 4.5 叶抛栽,大苗可在 5~6 叶甚至 7~8 叶抛栽。生产上以中、小苗时抛秧为好。具体抛秧期的确定,还应考虑温度因素,一般水温 16(粳稻)~18 ℃(籼稻)为进入抛秧适期的温度指标。

2. 起秧运秧

塑盘育秧的起秧即把秧盘提起;旱育秧的起秧即把秧苗拔起。旱育秧要在起秧前 1 天浇水湿润。要实行起秧、运秧、抛秧连续作业，运到田间要遮阳防晒，以免引起植伤，影响发苗。

3. 抛秧

根据“以田定产、以产定苗”的原则确定基本茎苗数，如采用盘育方式则还应采取“定苗定盘”的原则。具体的抛秧方式有机械抛秧和人工抛秧。如采用人工抛秧，则宜采取分次抛秧法。即在田埂上或下田到人行道中，采取抛物线方位迎风用力向空中高抛 3 m 左右，使秧苗均匀散落田间，秧根落到泥水 5 m 之内。为使苗分布均匀，一般先抛总苗数的 70%～80%，由远到近，先稀后密；然后再抛余下的 10%～20%，用于补稀补缺；最后把余下的 10%补抛田边和田角，确保基本均匀。

4. 整理

抛秧后按每隔 3 m 左右宽的距离清出一条“人行道”，以便田间管理。“人行道”一般宽 30 cm 左右，在“人行道”上清出的秧苗用于补大空和缺塘，还可站在“人行道”上用 1.5～1.8 m 长的竹竿左右拔苗，移密补稀。抛后要及时开好“平水缺”，以防大雨冲刷和漂秧。

秧苗抛栽时应注意：在晴天没有水时不抛秧，防烈日灼苗；风雨天、水深时不抛秧，防风吹雨刷浮苗。抛栽时，还应注意迎风用力向空中分次高抛。

任务小结

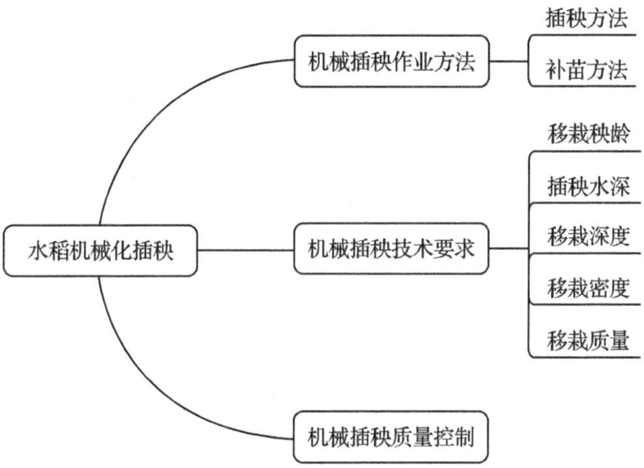

任务练习

1. 简述机械插秧的作业方法。
2. 简述机械插秧的技术要求。
3. 简述机械插秧的质量控制。

模块五　水稻田间管理机械化技术

教学目标

知识目标

1. 掌握水稻机械化植物保护技术。
2. 掌握水稻机械化施肥技术。
3. 掌握水稻田灌溉技术。

能力目标

1. 能够识别水稻常见病虫草害。
2. 能够对水稻常见病虫草害进行防治。
3. 能够根据水稻生产实际进行机械化施肥。
4. 能够根据水稻生产实际进行灌溉。

任务一　水稻机械化植物保护

任务描述

水稻生产的过程中有许多因素影响水稻的产量和品质,病害、虫害以及草害便是其中主要因素。我国水稻病虫草害处于频发、多发态势,频繁发生给我国农业生产带来了巨大的经济损失,严重制约着我国水稻产业的健康稳定发展,威胁着国家粮食安全。因而,病虫草害防治是确保水稻产量和粮食安全的重要环节。在水稻种植时通过科学选种、施用有机肥、培育优质壮秧、适时移栽、加强田间管理、科学施肥、合理轮作等一系列举措,达到预防和控制水稻病虫草害的目的。

任务资讯

一、水稻主要病害及其防治

(一)稻瘟病防治

稻瘟病是水稻重要病害之一,在我国发生严重。流行年份,一般发病地块减产 10%~30%,严重时可达 40%~50%,如不及时防治,特别严重的地块将颗粒无收。

1. 症状

稻瘟病在水稻整个生育期中都可发生。由于浸染的时间和部位不同,可分为苗瘟、叶瘟、节瘟、穗颈瘟、枝梗瘟和粒瘟。寒地水稻区春季温度低,故基本不发生苗瘟,以叶瘟、穗颈瘟最为常见,危害较大。

(1)叶瘟

发生在秧苗和成株期的叶片上。病斑随品种和气候条件不同而异,可分为 4 种类型(图 5-1、图 5-2)。

①慢性型　又称普通型病斑。病斑呈梭形或纺锤形,边缘褐色,中央灰白色,最外层为淡黄色晕圈,两端有沿叶脉延伸的褐色坏死线。天气潮湿时,病斑背面有灰绿色霉状物。

②急性型　病斑暗绿色,水渍状,椭圆形或不规则形。病斑正反两面密生灰绿色霉层。此病斑多在嫩叶或感病品种上发生,它的出现常是叶瘟流行的预兆。若天气转晴或经药剂防治后,可转变为慢性型病斑。

③白点型　田间很少发生。病斑白色或灰白色,圆形,较小,不产生分生孢子。一般是嫩叶感病后,遇上高温干燥天气,经强光照射或土壤缺水时发生。如在短期内气候条件转为适宜,这种病斑可很快发展成急性型;如条件不适可转变成慢性型。

④褐点型　为褐色小斑点,局限于叶脉之间。常发生在抗病品种和老叶上,不产生分生孢子。

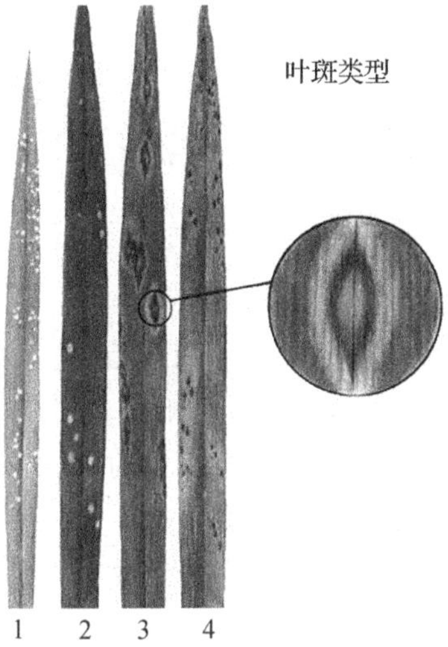

1. 白点型　2. 急性型　3. 慢性型　4. 褐点型

图 5-1　水稻叶瘟表现型

图 5-2　水稻叶瘟

(2)节瘟

病节凹陷缢缩,变黑褐色,易折断。潮湿时其上长灰绿色霉层,常发生于穗颈下第一、第二节(图 5-3)。

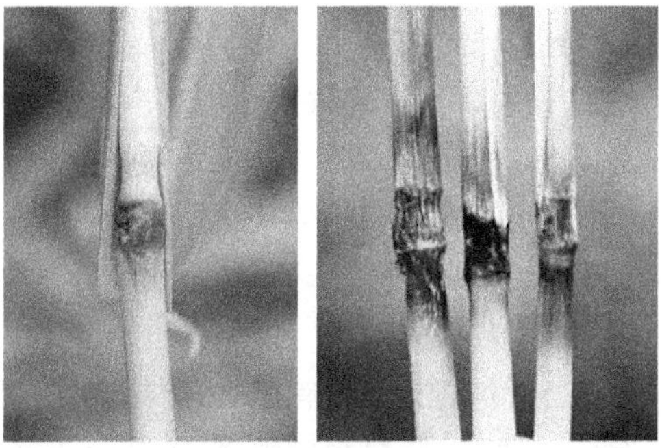

图 5-3　水稻节瘟

(3)叶枕瘟

叶枕瘟又称叶节瘟。常发生于剑叶的叶耳、叶舌、叶环上,并逐步向叶鞘、叶片扩展,形成不规则斑块。病斑初为污绿色,后呈灰白色至灰褐色,潮湿时病部产生灰绿色霉层。叶枕瘟的大量出现,常是穗颈瘟的前兆。

(4)穗颈瘟和枝梗瘟

穗颈瘟和枝梗瘟发生在穗颈、穗轴和枝梗上。病斑不规则，褐色或灰黑色。穗颈受害早的形成白穗，颈易折断。枝梗受害早的则形成花白穗；受害迟的，使谷粒不充实，粒重降低(图 5-4)。

(5)谷粒瘟

谷粒瘟发生在稻壳和护颖上，以乳熟期症状最明显。发病早的病斑大而呈椭圆形，中部灰白色，后可蔓延整个谷粒，使稻谷呈暗灰色或灰白色的秕粒；发病晚的病斑为椭圆形或不规则形的褐色斑点，严重时，谷粒不饱满，米粒变黑(图 5-5)。

图 5-4　水稻穗颈瘟

图 5-5　水稻谷粒瘟

2. 发病规律

稻瘟病菌以分生孢子或菌丝体在病谷和病稻草上越冬。病谷播种后引起苗瘟。病稻草上越冬的菌丝，次年气温回升到 20 ℃左右时，遇雨不断产生分生孢子。分生孢子借气流、雨水传播到秧田和大田，萌发侵入水稻叶片，引起发病。温湿度适宜时，病斑上产生的大量分生孢子继续传播，引起再侵染。叶瘟发生后，相继引起节瘟、穗颈瘟乃至谷粒瘟。

水稻品种抗病性差异很大，存在高抗至感病各种类型。同一品种不同生育期抗性也有差异，以 4 叶期、分蘖盛期和抽穗初期最易感病。气温在 20～30 ℃，尤其在 24～28 ℃，阴雨多雾，露水重，田间高湿，易引起稻瘟病严重发生。抽穗期如遇到 20 ℃以下持续低温 7 d 或者 17 ℃以下持续低温 3 d，常造成穗瘟流行。氮肥施用过多或过迟、密植过度、长期深灌或烤田过度都会诱发稻瘟病的严重发生。

3. 防治方法

稻瘟病的防治应采取以种植高产抗病品种为基础，加强肥水管理为中心，辅以适时施药防治的综合措施。

(1)选用高产抗病品种

要注意品种的合理布局，防止单一化种植，并注意品种的轮换、更新。

(2)加强栽培管理

合理施用氮肥，多施有机肥，配施磷、钾肥，根据不同地区土壤肥力状况，适当施用含硅酸的肥料。合理排灌，以水调肥，促控结合，分蘖后期适度晒田，抽穗期不断水，后期干干湿湿。

(3)减少菌源

一是不用带菌种子，二是及时处理病稻草，三是进行种子消毒。可用 20％三环唑可湿性粉剂800～1 000倍液或80%乙蒜素(抗菌剂402)乳油8 000倍液浸种24～48 h。也可用浸种灵、咪鲜胺等浸种。

(4)药剂防治

11片叶品种在水稻9.1～9.5叶喷施防治叶瘟;水稻孕穗期(水稻剑叶叶枕露出至第一粒稻谷露出)、齐穗期防治水稻穗茎瘟;遇到恶劣天气水稻抽穗后15～20天防治枝梗瘟、粒瘟。可选用2%加收米1 200 mL/hm²,或20%氰菌胺(稻瘟酰胺)40～60 mL,或富士一号1 500 mL/hm²,或咪鲜胺1 125～1 500 mL/hm²,喷液量为每公顷用水225～300 L。在叶瘟初期或始穗期叶面喷雾,也可选用75%三环唑可湿性粉剂375～450 g/hm² 加水900 kg喷雾,也可选用富士一号(稻瘟灵)、或13%三环唑、或春雷霉素、28%复方多菌灵(多井悬浮剂)、40%克瘟散等。喷药应选择在上午9时之前,下午4时之后,风速<4 m/s、气温≤27 ℃,相对湿度>65%。

(二)稻曲病防治

稻曲病在我国各稻区都有不同程度的发生。一般病穗率为4%～5%,严重的地块可达50%以上,病粒率为0.2%～0.4%,最高可达5%以上,局部地块减产可达20%～30%,秕谷率、青米率增加,当稻谷中含有0.5%病粒时能引起人畜中毒。

1. 症状

该病在水稻开花后到乳熟期的穗部发生,主要发生在稻穗中下部。病菌侵入稻粒后,在颖壳内形成菌丝块,破坏籽粒组织,菌丝块逐渐增大,颖壳合缝处略张开,露出淡黄色块状的孢子座。孢子座逐渐膨大,最后包裹颖壳,使病粒比健粒大3～4倍。厚垣孢子黄绿或墨绿色,表面发生龟裂。一般稻穗中仅形成部分病粒,病粒中心为菌丝组织密集构成的白色肉质块(图5-6)。

诊断要点　一穗中有部分籽粒颖壳变成稻曲病粒,比健粒大3～4倍,黄绿色或墨绿色。

图5-6　水稻稻曲病

2. 发病规律

此病以菌核在地表越冬，第二年 7～8 月间开始产生子座、子囊壳及大量的子囊孢子；厚垣孢子可在被害的稻粒内及无病稻谷颖壳上越冬，厚垣孢子随时可萌发产生分生孢子侵染水稻，厚垣孢子萌发后也能直接侵染水稻幼芽、幼根，引起系统性发病。子囊孢子和分生孢子都可借气流传播，侵染花器和幼颖。北方水稻栽培区一年只发生一次；南方水稻栽培区以早稻上的厚垣孢子为再侵染源，早抽穗水稻上的厚垣孢子可能成为迟抽穗水稻的侵染源。

不同水稻品种间的抗病性存在明显差异。抗病性表现一般为早熟品种＞中熟品种＞晚熟品种，糯稻＞籼稻＞粳稻。

3. 防治措施

以选用抗病品种为主，化学防治为辅，注意适期用药，合理调整农业栽培措施。

(1)农业防治

①因地制宜选用抗病良种。

②建立无病留种田　注意晒田，发病的地块收割后要及时耕翻，选用不带病种子。

③播种前及时清除病残体。

④合理密植，适时移栽，浅灌勤灌。

⑤合理施用氮、磷、钾肥，施足基肥、巧施穗肥、适时适量施硅肥。

(2)药剂防治

①种子处理　可选用 50%多菌灵可湿性粉剂 1 000 倍液浸种 24～48 h，以减少部分侵染源；还可选用 50%苯菌灵可湿性粉剂 500～800 倍液浸种，早稻浸 72 h，晚稻浸 48 h，浸种后可直接播种。上述处理可兼防水稻恶苗病和绵腐病、稻瘟病。

②喷雾防治　可选用井冈霉素、50%稻后安(氧化亚铜＋三唑酮)、18%纹曲清(井冈霉素＋烯唑醇)、可杀得等，在抽穗前 5～7 天喷雾，但应注意在穗期用药对稻穗的安全性。

(三)纹枯病防治

1. 症状

从苗期至穗期都可以发生，主要侵染叶鞘和叶片，以抽穗前后发病受害最重。

叶鞘发病先在叶鞘近水面处出现水渍状、暗绿色、边缘不清楚的小病斑，后逐渐扩大成椭圆形或云纹状病斑，病斑边缘暗绿色，中央灰绿色，天气干燥的条件下，病斑边缘褐色，中央草黄色至灰白色，经常几个病斑相互愈合成为云纹状大斑块。重病叶鞘上的叶片常发黄或枯死。

叶片发病的病斑与叶鞘相似，但形状不规则，病斑外围褪绿或变黄，病情发展迅速时，病部暗绿色似开水烫过，叶片很快呈青枯或腐烂状，病害常从植株下部叶片向上部叶片蔓延。

穗部发病轻者，穗呈灰褐色，结实不良；重者不能抽穗，造成"胎里死"或全穗枯死。在多雨多湿的条件下，病部产生白色或灰白色蛛丝状菌丝体，形成白色绒球状菌丝团，最后变成褐色坚硬菌核。在潮湿条件下，病组织表面有时常产生一层白色粉末状子实层(担子和担孢子)(图 5-7)。

诊断要点　病斑云纹状，后期产生鼠粪状菌核。

2. 发病规律

病菌主要以菌核在土壤中越冬，也能以菌核和菌丝在病稻草、田边杂草和其他寄主上越冬。水稻收割时大量菌核落入田间的土壤中，成为第二年或下季水稻的主要初侵染源。

稻田翻耙、灌水后，越冬菌核漂浮在水面上，栽秧后随水漂流附着在稻株基部叶鞘上。在

图 5-7 水稻纹枯病

高湿、适温条件下，菌核萌发长出菌丝，从叶鞘气孔或直接穿透表皮侵入，长出菌丝蔓延进行再侵染。病部形成的菌核脱落到水中，随水流漂附在稻株基部，萌发侵入引起再侵染。在稻田，灌溉水是菌核传播的动力，密植的稻丛是菌丝体进行再侵染的必要条件。

3. *防治方法*

在消灭病株残体和病稻草的基础上，水稻 10.1～10.2 叶期选用 20%爱可(烯肟·戊唑醇)悬浮剂 30 mL/亩，或 30%爱苗(苯甲·丙环唑)乳油 15～20 mL/亩，或 75%拿敌稳(肟菌·戊唑醇)15～20 g/亩，或 75%禾技(戊唑醇·醚菌酯)15～20 g/亩，或 30%显功(噻呋酰胺)悬浮剂 15～20 mL，或 240 g/L 满穗(噻呋酰胺)悬浮剂 15～20 mL/亩，或 10%真灵(井岗·蜡芽菌)悬浮剂 100 g/亩。采用两次施药，第一次施药在发病前或发病初期，第二次施药间隔 10～15 天。在药剂防治的同时，还要结合肥水管理。在施肥上应控制氮肥的施用量，并采取少量多次的原则，一方面可以提高肥料利用率，另一方面可以减少无效分蘖和避免植株过于繁茂，降低株间温度，延缓发病；水层管理上，避免深水层和长期淹灌，减少菌核和水稻植株的接触机会。

(四)细菌性褐斑病防治

1. *症状*

细菌性褐斑病发生于水稻的叶片(图 5-8)、叶鞘、叶穗、茎及小穗梗上。自苗期开始发病至 7 月中旬大量发生于叶片上，8 月上、中旬以后病势逐渐减退，抽穗后危害穗部。叶片上病斑呈现褐色水渍状斑点，后呈纺锤形、长椭圆形或不正形条斑，最后病斑的中心变灰褐色，组织坏死，但不穿孔。病斑常发生在叶的边缘，并沿叶缘蔓延呈红

图 5-8 水稻细菌性褐斑病

褐色到浓褐色长条斑，大小不等；叶鞘受害多发生于包穗叶鞘上，赤褐色短条状，多数融合呈不正形，水浸状，后期中央变灰褐色，组织坏死，剥开叶鞘，可见茎上生黑色条状斑；穗部受害，多发生于新抽穗的颖壳上，初为近圆形污褐色斑点，严重时颖壳变黑色。穗轴、颖壳等部受害，产生近圆形褐色小斑，严重时整个颖壳变褐，并深入米粒。谷粒病斑易与胡麻叶枯病混淆，镜检可见切口处有大量菌脓溢出。

2. 防治技术

①加强检疫，防止病种子的调入和调出。

②浅水灌溉，防止田水串流。采用配方施肥，忌偏施氮肥。及时清除田边杂草，处理带菌稻草。

③药剂防治　2%加收米 1 200～1 500 mL/hm^2，或 25%叶枯灵可湿性粉剂 2 550～5 100 g/hm^2，或 14%胶胺铜水剂 1 875～2 550 mL/hm^2，或 10%氯霉素可湿性粉剂 900～1 050 g/hm^2，或 72%农用链霉素 225～450 g/hm^2。水稻孕穗期（水稻剑叶叶枕露出至第一粒稻谷露出）喷一次，遇到阴雨连续的天气可在水稻齐穗期再喷一次。

（五）胡麻斑病防治

1. 症状

水稻胡麻斑病又称胡麻叶枯病，在水稻各生育期地上各部位均可发生，在叶片和谷粒上的症状最为明显。叶片上病斑椭圆形、褐色，外围常有黄色晕圈，中间有因颜色深浅不同而形成的轮纹，后期病斑中央黄褐色或灰白色（图 5-9）。穗颈、枝梗受害症状为病部呈深褐色，变色部较长，最长可达 8 cm。谷粒上病斑为椭圆形，灰褐色至褐色。湿度大时，病部长出黑霉。

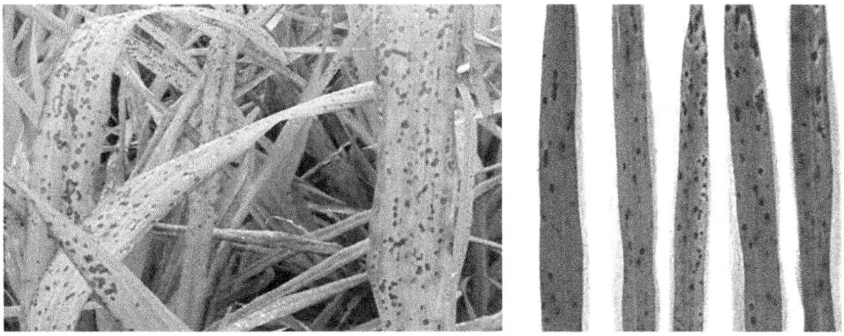

图 5-9　水稻胡麻斑病

2. 防治方法

①深耕灭茬，压低菌源。病稻草要及时处理销毁。

②选在无病田留种或种子消毒。

③增施腐熟堆肥做基肥，及时追肥，增加磷钾肥，特别是钾肥的施用可提高植株抗病力。酸性土注意排水，适当施用石灰。要浅灌勤灌，避免长期水淹造成通气不良。

④药剂防治（参见稻瘟病）可用爱苗 225 mL/hm^2、施保克 1 125～1 500 mL/hm^2。

（六）鞘腐病防治

水稻鞘腐病又称水稻叶鞘腐败病，水田均有不同程度发生，而且危害逐年加重，造成大量空秕粒，米质变劣，一般可减产 10%～20%，严重者可减产 30%以上。该病主要在水稻生育后期发生危害，一般在 8 月中旬开始发病。

1. 症状

水稻孕穗期在剑叶叶鞘上发生。初为暗褐色斑块，后扩大成为虎皮状不规则大斑，边缘暗褐色或黑褐色，中间色较淡，严重时病斑蔓延整个叶鞘，使幼穗全部或局部腐败，不抽穗或半抽穗，剥开穗苞，可见在颖壳和叶鞘内壁上有粉红色的霉层，即病原菌的菌丝体、分生孢子梗和分生孢子。穗枯死而成“包颈穗”(图 5-10)。

图 5-10　水稻鞘腐病

2. 防治方法

①合理施肥，采用配方施肥技术，避免偏施、多施氮肥，做到分期施肥，防止后期脱肥、早衰，沙性土要适当增施钾肥。杂交制种田母本要喷赤霉素，促其抽穗。

②积水田要开深沟，防止积水，一般田要浅水勤灌，适时排水晒田，使水稻生长健壮，提高抗病能力。

③药剂处理种子参见稻瘟病。田间喷药结合防治稻瘟病可兼治本病。必要时可喷施 2% 加收米 1 200 mL/hm^2＋50%多菌灵 1 200 g/hm^2，或 25%施保克 1 000～1 200 mL/hm^2，或 70%甲基托布津 1 500 g/hm^2，或 50%多菌灵 1 500 g/hm^2＋酿造醋 1 500 g/hm^2。水稻孕穗期(水稻剑叶叶枕露出至第一粒稻谷露出)喷一次，水稻齐穗期再喷一次。

(七)小球菌核病防治

1. 症状

水稻小球菌核病又称水稻菌核秆腐病。侵害稻株下部叶鞘和茎秆，初在近水面叶鞘上生褐色小斑，后扩展为黑色纵向坏死线及黑色大斑，上生稀薄浅灰色霉层，病鞘内常有菌丝块(图 5-11)。

图 5-11　水稻小球菌核病

2. 防治方法

①种植抗病品种　因地制宜地选用抗病品种。

②减少菌源　病稻草要高温沤制，收割时要齐泥割稻。有条件的实行水旱轮作。插秧前打捞菌核。

③加强水肥管理，浅水勤灌，适时晒田，后期灌跑马水，防止断水过早。多施有机肥，增施磷钾肥，特别是钾肥，忌偏施氮肥。

④药剂防治　在水稻拔节期和孕穗期喷洒 40%克瘟散(敌瘟灵)或 40%富士一号乳油 1 000 倍液，5%井冈霉素水剂 1 000 倍液，或 70%甲基硫菌灵(甲基托布津)可湿性粉剂 1 000 倍液，或 50%多菌灵可湿性粉剂 800 倍液，或 50%速克灵(腐霉剂)可湿性粉剂 1 500 倍液，或 50%乙烯菌核利(农利灵)可湿性粉剂 1 000～1 500 倍液，或 50%异菌脲(扑海因)、40%菌核净可湿性粉剂 1 000 倍液，或 20%甲基立枯磷乳油 1 200 倍液。

(八)褐变穗病防治

1. 症状

褐变穗病是稻穗的稻粒产生褐变,呈现全穗褐变症状的病害。从病症来看,称之为“褐变穗”“锈粒”“黑穗”。几乎所有叶鞘部变褐。感染褐变穗病,不仅糙米产量降低,也使茶米、背黑米混入率提高,米质变劣(图 5-12)。

图 5-12　水稻褐变穗病

2. 防治技术

在消灭池埂及四周禾本科杂草、减少菌源基础上,水稻孕穗末期、齐穗期选用 3%多抗霉素 1 200 mL/hm^2,或 5%多抗霉素 750～900 mL/hm^2 兑水喷雾。

二、水稻主要虫害及其防治

(一)负泥虫防治

水稻负泥虫属鞘翅目,叶甲科。取食叶片,成虫将稻叶吃成透明纵条纹;幼虫取食叶片上表皮和叶肉,残留下表皮。严重时叶片干枯,叶尖逐渐枯萎,全叶枯焦破裂,影响水稻生长。秧苗期、分蘖初期受害最重。

1. 形态识别(图 5-13)

①成虫　体长 4～4.5 mm。头黑色,触角 11 节,丝状。前胸背板黄褐色有微细点刻。鞘翅青蓝色,有金属光泽,比前胸背板宽,有 10 行纵列刻点。足黄色至黄褐色,跗节黑色。胸、腹部腹面黑色。

②幼虫　体长 4～5 mm,梨形。腹部的背面隆起,第三腹节特别膨大,第 4 腹节以后渐小,各节有黑色毛疣 10～11 对。幼虫肛门开口向上,排出的灰黄色至墨绿色粪便堆积在体背

成虫　　幼虫

图 5-13　水稻负泥虫

上，故称负泥虫。

2. 发生规律

春天，在越冬地点附近的禾本科杂草上取食，当稻苗 10～13 cm 高时飞至稻田，选择生长嫩绿的稻苗叶片正面近叶尖处产卵，卵多排列成双行，块状。当年羽化的成虫少量取食后，寻找场所越冬，所以早、中稻受害，晚稻不受害。

初孵幼虫在卵块附近取食，后集中在稻叶的正面及叶尖取食，阳光强烈时隐蔽于背光处。幼虫共 4 龄，在叶片上做白色茧化蛹。卵期 7～13 天，幼虫期 11～18 天，蛹期 9 天。

水稻负泥虫生长发育的适宜温度为 18～22 ℃，喜阴湿，高湿对孵化有利。山区、杂草多、背风的稻田发生较多。卵、幼虫和蛹的寄生性和捕食性天敌较多，对害虫有较好的控制作用。

3. 防治措施

①农业防治　冬春铲除田间杂草，消灭越冬成虫。

②药剂防治　秧田施药，要选择越冬成虫产卵盛期；本田施药，要选择幼虫孵化盛期。可选用 21%灭杀毙乳油 225～300 mL/hm^2 加水常规喷雾，或选用 90%晶体敌百虫 1 000 倍液，或 50%杀螟松乳油 800 倍液喷雾。

(二)潜叶蝇防治

水稻潜叶蝇属双翅目，水蝇科。分布在长江流域及以北的水稻栽培区。幼虫潜入叶片内部，潜食叶肉留下两层表皮，使叶片呈白条斑状。当叶内幼虫较多时，整个叶片发白、腐烂，可造成全株枯死，受害的地块大量死苗。水稻潜叶蝇除为害水稻外，还取食大麦、小麦、燕麦等以及一些禾本科杂草。

1. 形态识别(图 5-14)

①成虫　青灰色，有绿色的金属光泽。体长 2～3 mm。头部暗灰色，复眼黑褐色；触角黑色，触角芒的一侧有 5 根小短毛。足灰黑色，中、后足跗节第 1 节基部黄褐色。

②幼虫　体长 3～4 mm，圆筒形，稍扁平，乳白色至乳黄色，腹部末端有 2 个黑褐色气门突起。

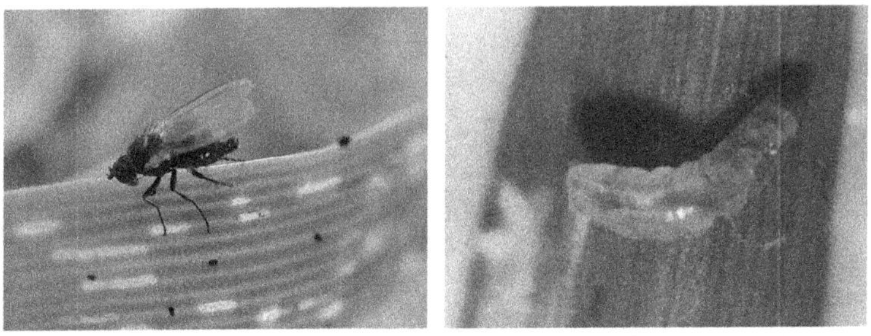

成虫　　　　幼虫

图 5-14　水稻潜叶蝇

2. 发生规律

东北一年发生 4～5 代，以成虫在水沟边杂草上过冬。成虫有补充营养习性。幼虫孵化后以锐利的口钩咬破稻叶面，取食叶肉，随着虫龄增大，7～10 天潜道加长至 2.5 cm 时，在潜道中化蛹。

水稻潜叶蝇是对低温适应性较强的害虫，在我国北方高寒稻区发生较多；长江下游地区，在 4～5 月气温较低的年份，也能发生。当气温达 11～13 ℃时，成虫最活跃，气温升高，稻株长得健壮,浮在水面上的叶片少,不适宜产卵,水温达到 30 ℃,幼虫死亡率可达 50%以上。因此,高温限制了水稻潜叶蝇在水稻上继续为害,迫使其迁移到水生杂草上栖息。

水稻潜叶蝇幼虫只能取食幼嫩稻叶,对于分蘖后的老叶不再取食,因此,水稻潜叶蝇的发生和消长与水稻栽培制度有着密切关系。如东北地区采用提前播种、集中育苗、缩短插秧期等水稻高产栽培技术,稻苗高 6~10 cm,正值 1 代成虫发生盛期,秧田受害严重,插秧时还有一部分卵未孵化,被带到本田,本田水稻受到 2 代幼虫为害。

成虫喜欢在浮在水面的稻叶上产卵。灌水深的稻田,叶片多伏在水面上,卵量多,且多产在下垂或平伏水面的叶片尖部,深水还有利于幼虫潜叶。浅水灌溉的水稻,卵多产在叶片基部,卵量少。幼虫在直立叶片上潜食,常因缺水而死亡。转株潜食也需要足够的湿度,因此浅灌比深灌的稻田受害轻。近年来,由于提前育苗,如果秧田管理不好,造成稻苗细弱,插秧后叶片漂浮在水面上,加重了水稻潜叶蝇的危害。

3. 防治方法

①农业防治　水稻潜叶蝇仅 1、2 代幼虫取食水稻,其余世代在田边杂草上繁殖,清除田边杂草可减少虫源。培育壮苗,生长健壮,不倒伏,不利于水稻潜叶蝇的潜食。浅水灌溉,提高水温,保持水稻叶片直立,有利于控制水稻潜叶蝇的发生。

②药剂防治　药剂防治的重点是播种早、插秧早、长势弱的稻田。在幼虫初发期,施用 70%艾美乐(吡虫啉)水分散粒剂 4~6 g/亩,或 25%阿克泰(噻虫嗪)水分散颗粒剂 6~8 g/亩,或 40%乐果 100 mL/亩。为防止将虫卵或幼虫从秧田带入本田,减少本田施药的面积,插秧前,如发现秧田幼虫和卵较多时,可在秧田喷药后再插秧。

(三)二化螟和三化螟防治

二化螟和三化螟属鳞翅目,螟蛾科。二化螟为多食性害虫,以幼虫为害水稻为主。初孵幼虫群集叶鞘内取食,造成枯鞘,2 龄幼虫蛀入稻株内取食,水稻分蘖期造成“枯心苗”,孕穗期造成“死孕穗”,抽穗期造成白穗,成熟期造成虫伤株。三化螟为单食性害虫,仅为害水稻和野生稻,在长江流域及以南水稻栽培区危害严重。以幼虫钻蛀稻株,取食穗苞、叶鞘内壁和稻茎内壁,其为害状与二化螟相似。

1. 形态识别(表 5-1 和图 5-15、图 5-16)

表 5-1　二化螟与三化螟的形态区别

种类		二化螟	三化螟
成虫	体长	♂10~12 mm,♀12~15 mm	♂9 mm,♀12 mm
	翅展	♂20~25 mm,♀25~31 mm	♂18~23 mm,♀24~36 mm
	前翅	长方形;♀翅面有褐色不规则小点,外缘有 7 个小黑点;♂前翅中央有 1 个灰黑色斑点,其下有 3 个灰黑色斑点	三角形,中央有 1 个黑点;♀黄白色,♂灰黄色,翅顶角至后缘有 1 条暗褐色斜纹,外缘有 7~9 个小黑点
	后翅	白色	灰白色或白色
幼虫	体长	20~30mm	20~30mm
	体色	体背有 5 条暗褐色纵线	胸腹部黄绿或淡黄色,背中线暗绿色;前胸背板有新月形斑
	腹足	较发达,趾钩三序全环,51~56 个	不发达,趾钩单序扁圆形,21~36 个

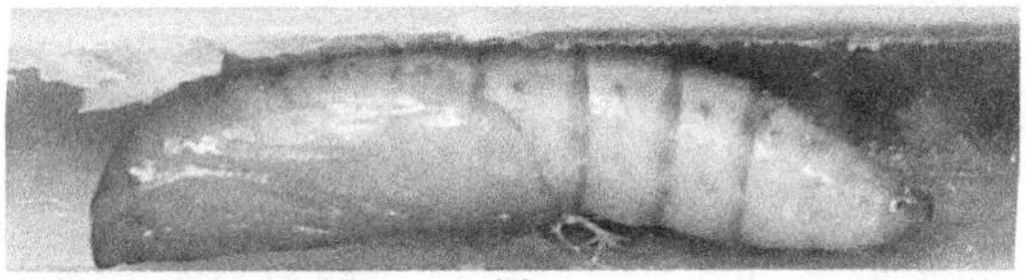

蛹

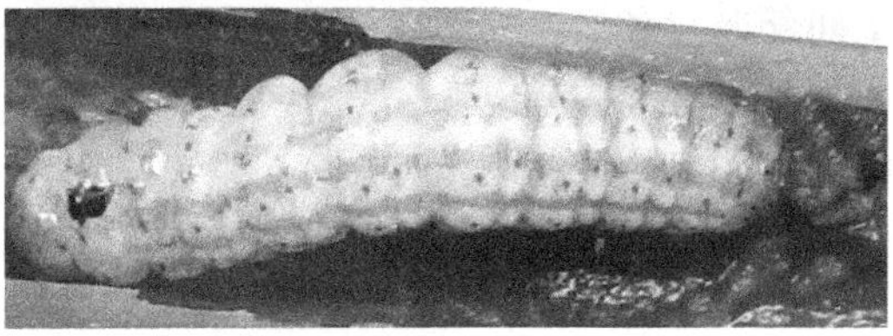

幼虫

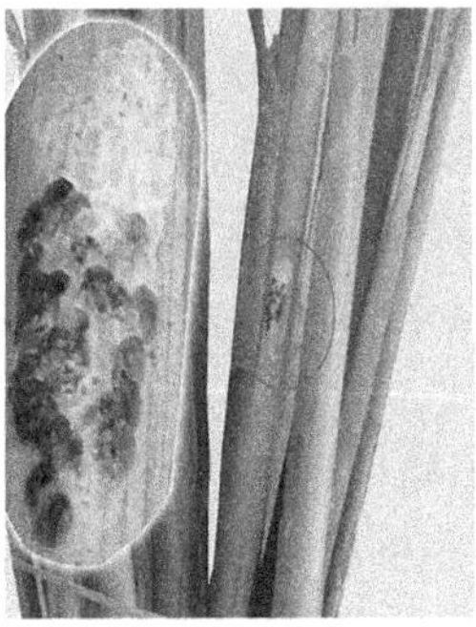

二化螟卵

雄 雌

图 5-15 水稻二化螟

成虫

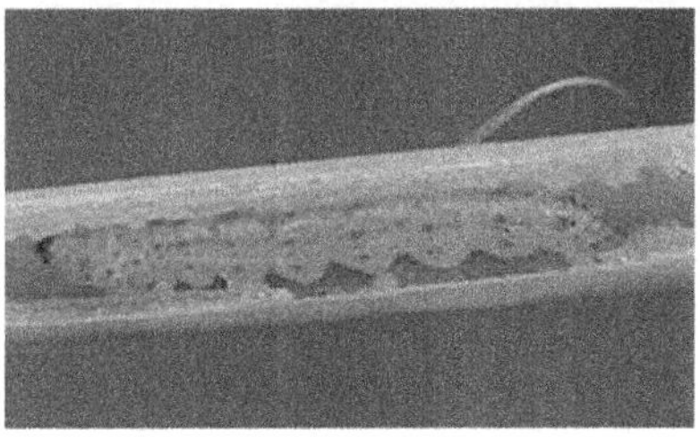

幼虫

图 5-16 水稻三化螟

2. 发生规律

(1)生活习性

二化螟在我国一年发生 1～5 代。以 4～6 龄幼虫在稻桩、稻草及稻田周围、田埂上的杂草茎秆中越冬。有世代重叠现象。春季，越冬幼虫还会转移蛀入麦类、蚕豆、油菜的茎秆内取食。成虫昼伏夜出，趋光性强。在水稻分蘖期和孕穗期产卵较多；刚插秧的稻苗，拔节期及抽穗灌浆期的稻株落卵量少。高秆、茎粗、叶片宽大、叶色浓绿的稻田最易诱蛾产卵。分蘖前，卵块主要产在叶正面离叶尖 3～7 cm 处；分蘖后期至抽穗期，多产在离水面 7 cm 以上的叶鞘上。初孵幼虫称“蚁螟”，蚁螟孵出后，一般沿稻叶向下爬行或吐丝下垂，从叶鞘缝隙侵入。幼虫 3 龄以后食量增大，并转株危害，蛀孔离地面 3～13 cm。越冬代幼虫在稻桩和稻草中化蛹，其他世代幼虫在稻茎内或叶鞘与茎秆间化蛹。

三化螟一年发生 2～7 代。以幼虫在晚稻稻桩地下茎内越冬。越冬幼虫在春季气温回升至 16 ℃以上时，开始化蛹、羽化。成虫昼伏夜出，有较强的趋光性。雌成虫在叶片或叶鞘上产卵，选择产卵场所的习性与二化螟相似。蚁螟孵化后，多先爬向叶尖，吐丝随风飘荡到附近稻株并分散钻入稻株。从同一卵块孵出的幼虫的危害形成白穗群，发生严重时，白穗群连成片。幼虫先取食穗苞内的白嫩组织及茎秆内壁；蛀入后大量取食前，在叶鞘和茎节间将大部分维管束咬断，切口整齐，称为“断环”。由于水分和养分不能正常输送，很快出现青枯或白穗等被害状。幼虫 2 龄以后，有转株为害的习性，可转株 1～3 次。2～3 龄多以“裸体”在株外活动，而 3～4 龄幼虫藏于叶囊或茎囊中，伸出头胸爬行或浮游于水面，找到新株后，在距水面 2～3 cm 处吐丝，将囊固定在叶鞘上，蛀入稻茎。幼虫老熟后，移至稻株基部化蛹。

(2)温湿度条件

二化螟幼虫越冬前,随温度和稻株上部湿度的降低,逐渐转向根部,如果收割期延后,稻桩中幼虫增多,稻桩高的幼虫也多;秋季雨量多,稻株湿度大,幼虫向根部迁移缓慢,在稻草中越冬的虫数增多。越冬幼虫抗低温能力强,早春降水量大,田间湿度高,二化螟自然死亡率低,发生期提早,数量多,危害重;春季低温多湿,发生期延迟。水温连续多日 35 ℃以上,幼虫死亡率达 80%~90%,但水温对稻株内的幼虫影响较小,因此,温度较低的丘陵山区常重发生。

温湿度对三化螟越冬有效虫源基数影响很大。春季气温过高,易引起幼虫和蛹死亡。春季干燥,化蛹和羽化延迟,发生量少。温暖多湿,对蚁螟孵化和钻蛀稻株有利。气温超过 40 ℃,钻蛀率降低。

(3)栽培管理

双季稻区,水稻生育期整齐,蚁螟盛孵期与有利于蚁螟钻蛀的水稻生育期吻合程度相对比较短暂,二化螟发生较轻。春耕灌水早,越冬代幼虫在化蛹期大量死亡,1 代幼虫发生量少。由于 1 代成虫羽化和产卵集中在早稻本田期,有利侵入和存活,使 2 代幼虫发生量大。早稻收割时,2 代幼虫或蛹经过灌水、翻耕及暴晒,大量死亡,加上夏季高温干燥不利二化螟生长发育,所以 3 代幼虫数量显著下降,晚稻受害轻。

单、双季稻混栽区,水稻生育期交叉,二化螟发生较重。通常早稻插秧期长,有利于越冬代成虫产卵,其他各代也都有适宜生存的环境条件,种群数量逐代增多。单季稻区,插秧较晚,有利于越冬幼虫化蛹羽化,1 代幼虫发生量大;2 代幼虫发生时,受夏季高温干旱和稻株老化影响,对蚁螟钻蛀、存活不利,发生量受到抑制,危害较轻。但一些地区小麦面积扩大,为二化螟提供了适宜的越冬场所,使二化螟种群数量回升,危害加重。

一般糯稻受害高于粳稻,粳稻高于籼稻。稻茎坚韧,抽穗快、整齐,成熟早的品种较抗螟害。品种混杂,生长参差不齐的受害重。

(4)天敌

二化螟卵期寄生蜂主要是赤眼蜂,幼虫期寄生蜂有多种姬蜂、茧蜂和寄蝇。捕食性天敌和昆虫病原微生物对二化螟、三化螟也有明显的抑制作用。

3. 防治措施

(1)农业防治

水稻收割后及时翻耕灌水,淹死稻桩内幼虫;处理玉米、高粱等寄主茎秆;铲除田边杂草消灭越冬虫源,减少 1 代幼虫发生量;改单、双季稻混栽为双季稻或单季稻为主;适时插秧、加强田间管理,使水稻生长整齐,卵孵化盛期与水稻分蘖期及孕穗期相遇时间短;选用优质高产抗虫品种;避免过量使用氮肥;结合除草,人工摘除卵块,拔除枯心株、白穗株。

(2)生物防治

合理用药,尽量使用微生物农药,保护天敌,发挥天敌的自然控制的作用。

(3)化学药剂防治

蚁螟盛孵期,秧田枯鞘率达 0.1%以上时,应进行防治。可选用 5%锐劲特悬浮剂 450~600 mL/hm^2,或 48%乐斯本乳油 750~1 050 mL/hm^2 加水常规喷雾,还可选用 50%杀螟松乳油 1 000 倍液喷雾。

(四)稻飞虱和稻叶蝉

稻飞虱和稻叶蝉属同翅目,分别为飞虱科和叶蝉科。我国为害水稻的飞虱主要有褐飞虱、白背飞虱、灰飞虱等，其中以褐飞虱发生最重，白背飞虱次之。褐飞虱在长江流域以南发生较重；白背飞虱分布比褐飞虱广，以长江流域为主，北方稻区偶尔猖獗。灰飞虱全国各地几乎都有分布，华南稻区发生较少。

稻叶蝉种类很多，为害水稻的叶蝉主要有黑尾叶蝉和白翅叶蝉。黑尾叶蝉在我国各水稻栽培区都有分布，白翅叶蝉主要分布在长江以南水稻栽培区。寄主植物除水稻外，还取食其他禾本科作物和杂草。

1. 形态识别

飞虱和叶蝉在稻田中常混合发生，大小很相似，主要区别：飞虱头部较尖，触角粗短，末端锥状，触角位于复眼下方，后足胫节末端内侧有一个距，翅半透明，翅脉明显。叶蝉头部较圆，触角较长，鬃状，位于复眼间，后足胫节末端无距（图 5-17、图 5-18）。

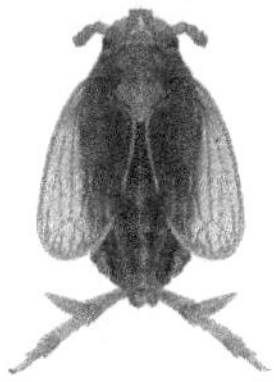

褐飞虱短翅成虫

褐飞虱长翅成虫

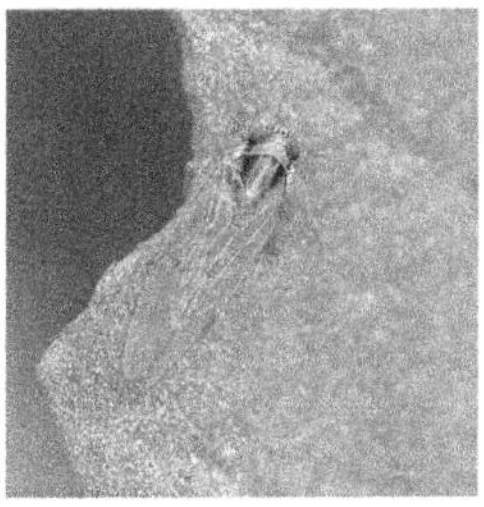

灰飞虱雌虫

灰飞虱雄虫

白背飞虱成虫

稻飞虱为害状

图 5-17　稻飞虱

黑尾叶蝉

白翅叶蝉

图 5-18　稻叶蝉

2. 发生规律

（1）稻飞虱

稻飞虱在各地每年发生的世代数差异很大，褐飞虱 1～13 代，白背飞虱 1～11 代，灰飞虱 4～8 代。褐飞虱在 21°N 以南、白背飞虱在 26°N 以南地区越冬，灰飞虱抗寒力强，在各发生区以卵在杂草组织中或以若虫在田边杂草丛中越冬。前两者属迁飞性害虫。世代重叠现象明显。

飞虱主要以成虫和若虫吸食水稻叶鞘、茎秆的汁液，产卵时用产卵器刺破叶鞘组织，加重为害。水稻分蘖期被害，叶片发黄，严重时稻茎下部变黑褐色，甚至全株枯萎；孕穗、抽穗期被害，稻茎下部变黑，常引起烂秆、倒伏；乳熟末期被害，叶色灰绿，植株倾斜，虫量大时，部分害虫集中在穗颈基部附近取食，使植株灰枯，倒伏，形成半枯穗和枯穗。开始点片发生，形成枯萎团，后迅速扩散蔓延。成、若虫多集中于稻株基部茎秆和叶背面取食，受惊时跳落水面，在叶鞘基部中脉内产卵，每块卵有 5～6 粒。成虫趋光性强。长翅型与短翅型成虫的比例主要受温度及营养条件的影响。短翅型繁殖力较强，大量出现时说明环境条件对其有利，是大发生的预兆。

飞虱在田间数量的消长与水稻生育期及湿度有关。水稻在孕穗期到乳熟期，温度 22～28 ℃，相对湿度 80%～85%，是飞虱发生的适宜条件。

(2)稻叶蝉

黑尾叶蝉一年发生 2～8 代，白翅叶蝉在我国中南部稻区一年发生 3～6 代，有世代重叠现象。前者以 4 龄若虫及成虫，后者以成虫在田间、田边的杂草中越冬。

黑尾叶蝉以成、若虫为害。温度在 30 ℃以上，相对湿度大于 90%时，雌成虫产生不育现象。高温低湿情况下，成虫羽化束翅现象增多，初孵幼虫死亡率大。雨量分配均匀，有成灾的可能。背风、湿度较高的地块受害重；向阳、迎风的稻田，湿度较小、温度较高，受害相对较轻。稻叶蝉类白天栖息于稻丛下部，早晚爬至叶片刺吸为害。成虫取食后形成白斑，若虫取食后形成褐斑，严重时可使水稻茎秆萎缩、枯死。成虫趋光性很强。雌成虫在水稻叶鞘内侧产卵。

(3)栽培条件、蜜源与天敌的影响

插秧早、抽穗早的稻田受害轻。种植晚熟品种，施用氮肥过多、深水灌溉的稻田受害重。靠近房屋、菜地和山林，蜜源丰富的稻田受害重。多种赤眼蜂、茧蜂、寄生蝇、姬蜂和常见的稻田害虫捕食性天敌对卵、若虫和成虫有控制作用，应注意保护。

3. 防治措施

以治虫防病、保穗为目标，治上代压下代，狠治将大发生的前 1 代，控制虫害的发生。

(1)农业防治

清除杂草，消灭灰飞虱越冬虫源；同品种连片种植；浅水灌溉，合理施肥，促进稻株正常生长，控制徒长；选用抗虫品种。

(2)生物防治

青蛙、稻田蜘蛛、放养小鸭对控制稻飞虱效果较好。

(3)药剂防治

当主要为害世代的前代虫量 0.5～1 头/穴、主要为害世代 8～12 头/穴时，要进行药剂防治。可选用 10%吡虫啉可湿性粉剂 150 g/hm^2，加水 900 kg 常规喷雾，也可选用 5%锐劲特浓悬浮剂 1 600 倍液、或 25%扑虱灵可湿性粉剂 1 400 倍液喷雾。

(五)稻纵卷叶螟

稻纵卷叶螟属鳞翅目，螟蛾科。是我国稻区常发性害虫，以南方稻区发生量大，受害重。主要为害水稻，以幼虫在水稻分蘖、孕穗和抽穗期取食叶片。水稻受害后千粒重降低，空瘪率增加(图 5-19)。

1. 形态识别

①成虫　体长 8～9 mm，翅展 18 mm，体黄褐色。前翅有两条黑褐色横纹，中间有一个短黑纹，前缘和外缘有黑褐色宽带。后翅外缘有黑色宽带，有两条黑褐色横纹。雄蛾尾部常上

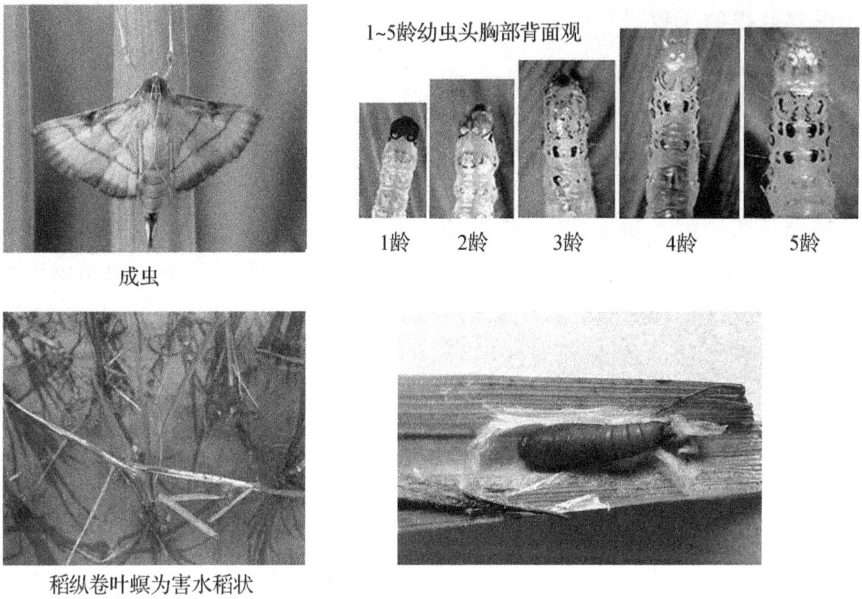

图 5-19　稻纵卷叶螟

翘，在前翅前缘中央有一丛暗褐色毛。

②幼虫　体长 18 mm，绿色或黄绿色，前胸背板褐色，近后缘处有 2 个小黑点。中后胸背面中央各有两个近似螺旋形黑斑。多数幼虫分 5 龄。

2. 发生规律

影响发生量的主要原因有迁入期、迁入量、气候、食料和天敌。迁入期早、迁入量大、高峰期长是大发生的重要原因。

(1)生活习性

在我国各发生区一年发生 1～11 代，抗寒力弱，在 30°N 以南地区越冬，迁飞性害虫。成虫喜群集在生长嫩绿、荫蔽、湿度大的稻田和生长茂密的草丛中。夜间活动，有一定的趋光性，有补充营养习性。喜在嫩绿、宽叶、矮秆的水稻品种上产卵，分蘖期卵量大于穗期。卵多单产在中、上部叶片上。每头雌成虫产卵量平均 100 粒。初孵幼虫从叶尖沿叶脉来回爬行，后钻入心叶或由蓟马为害形成的卷叶中取食叶肉，使稻叶出现针尖大白色透明小点。2 龄开始在叶尖或稻叶的上、中部吐丝缀连稻叶成纵向小虫苞，称为“卷尖期”。幼虫在苞内啃食叶肉，剩下表皮，受害处呈透明白条状。3 龄后开始转苞为害，虫苞多为单叶纵卷，管状。4 龄后转株频繁，虫苞大，食量大，抗药性强，为害重。5 龄是暴食阶段，食量占总食量的 79.5%～89.6%。一头幼虫可取食 5～7 片叶。化蛹部位一般在受害株或附近的稻株离地面 7～10 cm 处，在主茎与有效分蘖的基部叶鞘中化蛹。

(2)温湿度条件

生长发育的适宜温度为 22～28 ℃，相对湿度 90%以上。成虫在高温(30 ℃以上)和干旱(相对湿度 90%以下)条件下寿命短，产卵量少。温暖、多雨、高湿的气候条件有利于发生。

生长嫩绿、叶片下垂、密闭、阴湿的稻田产卵多。粳稻比籼稻、矮秆品种比高秆品种、阔叶品种比窄叶品种、杂交稻比常规稻受害重。密植比稀植的受害重，施氮肥过多的受害重。

此外，稻田害虫的捕食性天敌和赤眼蜂、茧蜂、姬蜂等卵、幼虫、蛹寄生性昆虫天敌中绝大多数都是稻纵卷叶螟的天敌。

3. 防治措施

(1)农业防治

合理施肥,防止徒长;选用抗虫品种。

(2)药剂防治

水稻抽穗期是防治的关键时期,2 龄幼虫高峰期是防治适期。可选用 48%乐斯本乳油 600～750 mL/hm^2,或 5%锐劲特悬浮剂 450～750 mL/hm^2,或 10%吡虫啉可湿性粉剂 150～300 g/hm^2 加水常规喷雾;也可选用 20%米满胶悬剂 450～600 mL/hm^2 或 50%辛硫磷乳油 1 000～1 500 倍喷雾;50%杀螟松可湿性粉剂 1 000 倍常规喷雾。

(3)生物防治

保护天敌,释放寄生蜂,选用生物农药。

(六)直纹稻弄蝶

稻弄蝶是我国水稻栽培区常发生的害虫,有 10 余种,属鳞翅目,弄蝶科。稻弄蝶以幼虫取食稻叶。直纹稻弄蝶、曲纹稻弄蝶和么纹稻弄蝶幼虫取食时,吐丝将稻叶缀合成苞,故俗称稻苞虫;而南亚谷弄蝶和隐纹谷弄蝶幼虫不作苞,也被通称为稻苞虫。稻弄蝶幼虫取食叶片成缺刻或将叶片吃光,稻株矮小,成熟期延迟,穗小,每穗粒数减少,千粒重降低;为害严重时还可咬断穗梗,对产量影响很大。是暴食性害虫,大发生时,可将田埂上的杂草和附近种植的高粱、玉米叶片吃光。

直纹稻弄蝶主要为害水稻,也取食高粱、玉米、麦类、茭白等作物,也能取食游草、芦苇、狗尾草、稗、蟋蟀草等多种杂草。

1. 形态识别(图 5-20)

①成虫　黑褐色,有金黄色光泽,体长 16～20 mm,翅展 36～40 mm,前翅有 7～8 个白斑排成半环形,后翅有 4 个排成一字形的白斑,故称"直纹"。

②幼虫　绿色,体长 35 mm,体表密布小颗粒,纺锤形,头正面中央有"山"形褐纹,前胸颈状,前胸背板有一字形黑横线,气门大而较深。

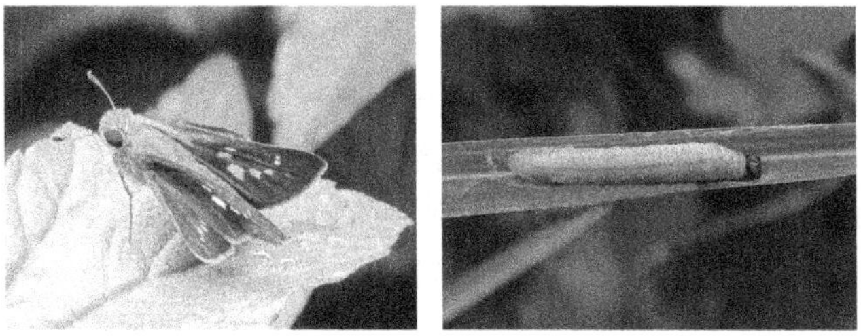

图 5-20　直纹稻弄蝶

2. 发生规律

(1)生活习性

直纹稻弄蝶在我国一年发生 2～8 代。南方稻区以老熟幼虫在背风向阳处的游草等杂草中结苞越冬。成虫白天活动,有补充营养习性,吸食花蜜。卵多散产于稻叶背面,一般每个叶片上产卵 1～2 粒,每头雌成虫产卵 100～200 粒。分蘖期的稻株着卵多,初孵幼虫先取食卵壳,然后爬至稻叶端部吐丝将叶卷成筒状,虫龄越大,结叶越多。幼虫白天躲在苞内取食,傍晚或阴雨天爬出苞外取食稻叶。喜欢取食处于分蘖、圆秆期的水稻。1头幼虫可取食10多片叶，5龄幼虫进入暴食期，占幼虫期总食量的85%。幼虫有更换虫苞的习性。老熟幼虫在苞内或爬至稻丛基部植株间吐丝结薄茧化蛹。

(2)温湿度条件

直纹稻弄蝶发生的适宜温度为24～30 ℃，相对湿度为75%以上。6～7月份降水量和降水日数多，有利害虫发生；高温干旱，发生轻。

(3)栽培条件

成虫盛发期与水稻分蘖期相遇，稻苗着卵多，受害重。由于部分地区扩大麦茬稻面积，发展杂交稻，7月份正处于水稻分蘖期和成虫盛发期，导致虫害加重。

山区、半山区水稻与棉花或其他旱田作物混作，成虫有充足的蜜源植物，繁殖率高，为害较重。水稻不同品种的叶色、生育期等都影响成虫产卵和幼虫的成活率，因此受害程度不同。氮肥施用量增加，也是导致虫害加重的原因。

另外，稻弄蝶天敌种类较多，是控制稻弄蝶大发生不可忽视的因素。

3. 防治措施

(1)药剂防治

杂交稻分蘖期2～3龄幼虫每百丛达到41头、常规稻36头，杂交稻孕穗期2～3龄幼虫达到百丛33头、常规稻25头时，应进行药剂防治。可选用50%杀螟松乳油、或80%敌敌畏乳油、50%辛硫磷乳油1～1.5 L/hm^2，加水900 L喷雾。因幼虫傍晚出苞或换苞取食，最好在傍晚喷药，阴天可全天喷雾。

(2)生物防治

从成虫产卵始盛期起，每隔3～4 d释放拟澳洲赤眼蜂1次，每次1万～2万头，连续3～4次，可兼治稻纵卷叶螟。也可选用Bt乳剂1.5 kg/hm^2(含活芽孢100亿/g)，加洗衣粉375 g，加水900 L喷雾。

(3)人工防治

虫龄较大或幼虫发生密度不大时，可人工剥虫苞，捏死幼虫和蛹。

三、水稻主要草害及其防治

水稻本田常见杂草种类约有100多种，分布广、为害重的杂草有稗草、稻稗、千金子、四叶萍、鸭舌草、雨久花、矮慈姑、野荸荠、野慈姑、泽泻、节节菜、鳢肠、牛毛毡、水莎草、眼子菜、扁秆藨草、萤蔺、日照飘拂草、水苋菜、陌上菜、丁香蓼等。

一般水稻移栽后5～7 d出现第一次杂草出苗高峰，主要有稗草、稻稗、千金子、异形莎草、鳢肠、狼把草等一年生杂草以及多年生杂草的宿生根萌发的杂草；移栽后20天左右出现第二次出苗高峰，主要是稻稗、鸭舌草、雨久花及多年生杂草实生苗。据此，移栽田杂草的防除策略为前封后杀，即栽前(后)土壤封闭处理，以防除稗草、一年生阔叶杂草和莎草科杂草为主，水稻分蘖盛期进行一次土壤处理或茎叶喷雾，以防除一年生和多年生莎草科杂草、眼子菜以及多种阔叶杂草。

(一)移栽本田化学除草

(1)移栽前土壤处理

移栽前3～7 d，可选用12%噁草酮乳油2 500～3 000 mL/hm^2，或80%丙炔噁草酮可湿性粉剂 90 g/hm^2，或 60%丁草胺乳油 1 600 mL/hm^2 +30%苄嘧磺隆可湿性粉剂 225 g/hm^2，或 30%莎稗磷(阿罗津)750～900 mL/hm^2，或 50%丙草胺(瑞飞特)750～900 mL/hm^2 防除稗草、一年生禾本科杂草、阔叶杂草和莎草科杂草。

(2)移栽后土壤处理

移栽后 5～7 d，稻苗返青后，稗草、稻稗 1.5 叶期之前，可选用 60%丁草胺乳油 1 600 mL/hm^2，或 30%莎稗磷乳油 900 mL/hm^2 +10%吡嘧磺隆可湿性粉剂 150 g/hm^2，或 50%丙草胺乳油 750～1 000 mL/hm^2 +10%吡嘧磺隆 300 g/hm^2；稗草、稻稗 2 叶期之前，可选用 30%莎稗磷 600～900 mL/hm^2 +10%吡嘧磺隆 300 g/hm^2。

(3)茎叶喷雾处理

水稻分蘖盛期至拔节之前，防除 4～7 叶期大龄稗草和稻稗，可选用 50%二氯喹啉酸可湿性粉剂 750～1 000 g/hm^2 +30%莎稗磷 750 mL/hm^2 或 2.5%五氟磺草胺油悬浮剂 1 000～1 200 mL/hm^2；防除阔叶杂草及稗草、稻稗可选用 48%灭草松水剂 2 000～2 500 mL/hm^2 +50%二氯喹啉酸 750～1 000g/hm^2，或 2.5%五氟磺草胺 1 000～1 200 mL/hm^2 +48%灭草松 2 000～2 500 mL/hm^2，茎叶喷雾兑水量 150 kg/hm^2。喷药前需排出水层或待水层自然落干后进行，施药后 1～2 d 复水。

(二)抛秧本田化学除草

水稻抛秧田常见杂草与移栽田相同，如果水整地后间隔 3 d 以上抛秧，可抛秧前施药进行苗前封闭处理；如果水整地后 1～2 d 抛秧，为保证水稻秧苗的安全，则抛秧前不使用除草剂。以上 2 种情况，后期均需要进行第 2 次用药。

(1)抛秧前封闭处理

采用 50%丙草胺 900 mL/hm^2，或 30%莎稗磷 900 mL/hm^2，也可用 50%苯噻酰草胺可湿性粉剂 1 200 g/hm^2，混配药剂为 10%吡嘧磺隆 200 g/hm^2。施药方法为甩喷法，在抛秧前 3～5 d 施药。

(2)抛秧后处理

一般于抛秧后 5～7 d，稻苗扎根返青后，稗草、稻稗小于 2 叶时，采用 30%莎稗磷 900 mL/hm^2 +30%苄嘧磺隆 300 g/hm^2。

(3)茎叶喷雾处理

防除稗草和稻稗：稗草和稻稗 4～7 叶期，株高 10～30 cm，采用 30%莎稗磷 900 mL/hm^2 + 50%二氯喹啉酸 900 g/hm^2，施药适期为 6 月 25 日左右；如果同时防除阔叶杂草和莎草科杂草，可另加入 48%灭草松 2 500 mL/hm^2，进行茎叶喷雾，兑水量 150 kg/hm^2。

四、化学施药方法与施药机械

(一)化学防治主要施药方法

在水稻病虫草害防治过程中，采用植保机械开展化学防治，通常使用以下 3 种施药方法。

(1)喷粉

利用高速气流使药粉通过喷管和喷头喷洒出去(图 5-21)。这种方法的优点是不需要水，适宜干旱地区农作物病虫害防治。但喷洒不均匀，用药量多，粉剂在茎叶上黏着性差，一般只有 20%左右沉积在目标上，其余都洒落在施药区及目标物以外。水稻防治中，一般应用于栽插前后除草作业。

(2)喷雾

利用喷雾器械将药液雾化后均匀喷在植物和有害生物表面(图 5-22)。按用液量不同分为常量喷雾(雾滴直径 100～200 μm)、低容量喷雾(雾滴直径 50～100 μm)和超低容量喷雾(雾滴直径 15～50 μm)。农田多用常量喷雾和低容量喷雾,两者所用农药剂型均为乳油、可湿性粉剂、可溶性粉剂、水剂和悬浮剂(胶悬剂)等,兑水配成规定浓度的药液喷雾。常量喷雾所用药液浓度较低,用液量较多;低容量喷雾所用药液浓度较高,用液量较少(为常量喷雾的 1/20～1/10),工效高,但雾滴易受风力吹送飘移。喷雾方法是水稻病虫草害防治中采用的主要方法,尤其是水稻中后期的病虫害防治作业。

图 5-21　喷粉

图 5-22　喷雾

(3)弥雾

利用高速气流将药液吹散出去,与空气撞击,形成细小的雾滴附着在作物上,雾滴直径为 75～100 μm(图 5-23)。其特点是节水省药,喷洒均匀。多应用于水稻生长期的病虫害防治作业。

图 5-23　弥雾

(二)化学防治主要机械

(1)背负式喷雾器

目前,在市场上常用的背负式喷雾器有以下几种类型。

①背负式手动喷雾器(图 5-24)　是用人力来喷洒药液的一种机械。具有结构简单、使用操作方便、适应性广等特点。背负式手动喷雾器由喷头、喷杆、摇杆部件、手柄开关、出水管、药箱等组成,是由操作者背负,用手揿动摇杆使液泵运动的液力喷雾器,是基于人力进行小面积水稻病虫草害防治作业的主要机型。

②背负式机动喷雾器(图 5-25)　具有射程远、作业效率相对较高等优势。但有自重大、噪声大等缺点。适用于较大面积的作物病虫草害的防治。

③背负式电动喷雾器(图 5-26)　是一种多功能药械,具有射程远、防治效果较好等特点,但是电瓶容电量有限,需要经常更换电池。适用于较大面积的作物病虫草害的防治。

(2)喷射式机动喷雾机

喷射式机动喷雾机是指由发动机带动液泵产生高压,用喷枪进行宽幅远射程喷雾的机动喷雾机。主要包括 2 种:第一种是便携式(图 5-27),主要工作部件安装在带有手提把的轻便机

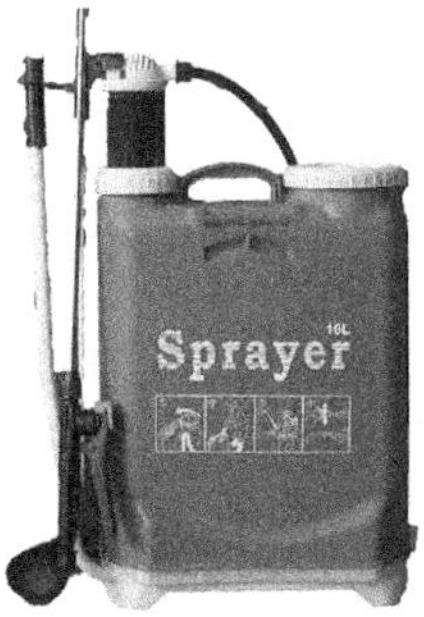

图 5-24　背负式手动喷雾器

图 5-25　背负式机动喷雾器

图 5-26　背负式电动喷雾器

架上；第二种是担架式，主要工作部件安装在担架一样的机架上，作业时由人抬着担架进行转移，主要包括担架式（图 5-28）、框架式（图 5-29）和推车式（图 5-30）。另外还包括车载式机动喷雾机，主要部件安装在拖拉机或农用车上，田间作业转移由拖拉机或农用车完成，作业完成后可将机具从车辆上拆除，车辆可以另作他用。

图 5-27　便携式机动喷雾机

图 5-28　担架式机动喷雾机

图 5-29　框架式机动喷雾机

图 5-30　推车式机动喷雾机

喷射式机动喷雾机具有射程远、喷雾幅宽、工作效率高、劳动强度低等优点。该系列机具以均匀雾化喷洒技术为核心技术，高速柱塞泵、卷管装置、轻量化动力为配套技术。该系列植保机具采用高压喷雾，增加雾滴穿透性，有利于提高水稻中下部的防治效果。对小麦、水稻等初期病虫害防治和化学除草效果好。高效喷射式机动喷雾机可逐步替代手动机具，节省作业成本和劳力，有效提高了水稻病虫草害机械化防治水平。但是该机具单喷头机型，在植保作业过程中需要多人辅助操作，同时又受水源和田块的限制。

(3)喷杆式喷雾机

喷杆式喷雾机是装有横喷杆或竖喷杆的一种液力喷雾机。一般采用多级过滤,喷杆的升降、展开和折叠均由液压控制完成,是大田作物高效、高质量喷洒农药的机具。适合给水田、旱田种植的水稻、小麦、大豆等农作物喷洒农药。喷杆式喷雾机按与拖拉机连接方式分为悬挂式和牵引式,按动力形式分为手推式和自走式,按喷杆位置分为前置式和后置式。目前主要推广应用的是自走式高地隙喷杆喷雾机(图 5-31、图 5-32)。自走式高地隙喷杆喷雾机是指本身具备动力,由驾驶员操纵自动行驶的喷雾机械,具有离地间隙高、机动灵活、转弯半径小、生产效率高、操作方便、视野良好等优点。但结构较为复杂,有些自走式喷雾机底盘可以通用或者有其他用途。自走式高地隙喷杆喷雾机相比于背负式喷雾器、喷射式机动喷雾机具有的优势是:单人操作,多个喷头作业效率高,雾滴覆盖率更均匀,喷洒高度、前进速度均可调。

图 5-31　自走式高地隙喷杆喷雾机

图 5-32　自走式高地隙喷杆喷雾机作业

(4)无人植保飞机

无人植保飞机,顾名思义是用于植物保护作业的无人驾驶飞机,由无人飞机、飞行平台、GPS 飞控、喷洒机构组成。通过地面遥控或 GPS 飞控,来实现喷洒作业,可以喷洒药剂、粉剂等。

图 5-33　固定翼植保无人机

植保无人机种类多样,按照不同划分依据,可分为多种类型。

按机型结构可分为固定翼植保无人机(图 5-33)、单旋翼植保无人机(图 5-34)、多旋翼植保无人机(图 5-35)。

图 5-34　单旋翼植保无人机

图 5-35　多旋翼植保无人机

按动力可分为油动植保无人机和电动植保无人机。单旋翼植保无人机油动的较多,而多旋翼的几乎都是电动的。油动无人机有效载荷大,带药量一般在 15～120 L,航时长,单架次作业范围大，燃料易于获得。但油动无人机发动机价格高，寿命较短。电动无人机航时短，工作时需要不断更换电池，现场快充也影响其电池寿命。

无人植保飞机地形适应能力强，作业时不会留下车印和损坏农作物。但是要求连片作业，不得有障碍物，对天气特别是风速要求高，对操作人员技术要求高。其主要特点如下。

一是高效安全。农用无人机飞行速度快，作业规模能达到50～150亩/h，其效率比常规喷洒可高出40倍。植保无人机通过地面遥控或GPS飞控操作，喷洒作业人员远距离操作避免暴露于农药下的危险，提高了喷洒作业的安全性。

二是节约水药、降低成本。电动无人机喷洒技术采用喷雾喷洒方式，至少可以节约50%的农药使用量，节约90%的用水量，很大程度地降低资源成本。

三是防治效果显著。无人机具有作业高度低，漂移少，可空中悬停等特点。喷洒农药时旋翼产生的向下气流有助于增加药物对农作物的穿透性，防治效果好。

四是成本低。电动无人机整体尺寸小、重量轻、折旧率低、易保养、单位作业人工成本低。

近年来，随着多年的技术积累，植保无人机越来越适应植保的个性化需求。目前运用的主流技术有：可以实现全自动、半自动和手动飞行状态的切换，通过气压传感等自动增稳技术实现自动起降、自动悬停以及定高飞行；通过GPS、北斗导航等系统实现自动航路规划、断点接续施药，通过飞控计算机备份表决系统解决飞行安全等。

目前，植保无人机在实际生产应用中仍存在问题。首先是植保无人机喷杆离地高度较大，雾滴在喷洒过程中容易受到气流影响，产生飘移。其次是缺乏专用的药剂，目前大部分植保药剂直接将地面药剂挪到航空使用，浓度较高，有可能对环境和生态造成影响，尤其植保无人机喷施除草剂，飘移药害很严重，一定要谨慎使用。此外，植保无人机还要受到空管机制的制约。

任务实施

水稻病虫害识别与防治

(一)目的要求

能够识别水稻病虫害并能利用喷药机械进行防治，掌握喷药机械的正确操作技术流程。

(二)材料用具

量筒、烧杯、玻璃棒、胶皮手套、口罩、喷雾机械、任务单。

(三)方法步骤

(1)病虫害识别。

(2)选择药剂并配制药剂。

(3)用喷药机械喷药防治病虫害。

(四)考核标准(表5-2)

表5-2　考核标准

序号	考核内容	考核要点	分值	评分标准	扣分	得分
1	材料用具准备	材料准备齐全	10	缺一项扣1分		
2	病虫害识别	病虫害识别准确	20	病虫害识别错误一项扣2分		

续表 5-2

序号	考核内容	考核要点	分值	评分标准	扣分	得分
3	药剂选择、药剂配制	正确选择药剂、规范配制药剂	20	药剂选择不正确一项扣 5 分、配制不规范一项扣 5 分		
4	喷药机械使用	喷药机械选用正确、操作规范	30	喷药机械选用不正确扣 10 分、操作不规范一项扣 2 分		
5	场地清理	操作场地物品机具摆放整齐有序,任务完成后物品机具归位	10	操作场地(台面)不干净整洁扣 1～3 分,物品摆放不整齐扣 1～3 分,任务完成后物品没有归位扣 1～3 分		
6	团队协作	各成员都积极参与,分工协作,任务完成快	10	有成员没参与一人扣 2 分,分工不明确,团队合作不佳扣 1～5 分,任务完成得慢扣 1～2 分		

案例分析

某水稻田在水稻结实期出现了许多黑穗现象,请分析原因,如何预防?

知识拓展

禁限用农药名录

《农药管理条例》规定,农药生产应取得农药登记证和生产许可证,农药经营应取得经营许可证,农药使用应按照标签规定的使用范围、安全间隔期用药,不得超范围用药。剧毒、高毒农药不得用于防治卫生害虫,不得用于蔬菜、瓜果、茶叶、菌类、中草药材的生产,不得用于水生植物的病虫害防治。

(一)禁止(停止)使用的农药(50 种)

六六六、滴滴涕、毒杀芬、二溴氯丙烷、杀虫脒、二溴乙烷、除草醚、艾氏剂、狄氏剂、汞制剂、砷类、铅类、敌枯双、氟乙酰胺甘氟、甘氟、毒鼠强、氟乙酸钠、毒鼠硅、甲胺磷、对硫磷、甲基对硫磷、久效磷、磷胺、苯线磷、地虫硫磷、甲基硫环磷、磷化钙、磷化镁、磷化锌、硫线磷、蝇毒磷、治螟磷、特丁硫磷、氯磺隆、胺苯磺隆、甲磺隆、福美胂、福美甲胂、三氯杀螨醇、林丹、硫丹、溴甲烷、氟虫胺、杀扑磷、百草枯、2,4-滴丁酯、甲拌磷、甲基异柳磷、水胺硫磷、灭线磷。

注:溴甲烷可用于"检疫熏蒸处理"。杀扑磷已无制剂登记。甲拌磷、甲基异柳磷、水胺硫磷、灭线磷,自 2024 年 9 月 1 日起禁止销售和使用。

(二)在部分范围禁止使用的农药(20 种)(表 5-3)

表 5-3 部分范围禁用农药明细表

通用名	禁止使用范围
甲拌磷、甲基异柳磷、克百威、水胺硫磷、氧乐果、灭多威、涕灭威、灭线磷	禁止在蔬菜、瓜果、茶叶、菌类、中草药材上使用,禁止用于防治卫生害虫,禁止用于水生植物的病虫害防治

续表 5-3

通用名	禁止使用范围
甲拌磷、甲基异柳磷、克百威	禁止在甘蔗作物上使用
内吸磷、硫环磷、氯唑磷	禁止在蔬菜、瓜果、茶叶、中草药材上使用
乙酰甲胺磷、丁硫克百威、乐果	禁止在蔬菜、瓜果、茶叶、菌类和中草药材上使用
毒死蜱、三唑磷	禁止在蔬菜上使用
丁酰肼(比久)	禁止在花生上使用
氰戊菊酯	禁止在茶叶上使用
氟虫腈	禁止在所有农作物上使用(玉米等部分旱田种子包衣除外)
氟苯虫酰胺	禁止在水稻上使用

思政园地

渴望找到一把尺的人——陈学伟

找到“尺子”,其实就是找到水稻面对稻瘟病的抗病基因,将之导入到产量高、品质好的其他水稻材料中。

陈学伟开始把寻找“尺子”作为目标,最初的渊源在 1997 年,攻读硕士研究生期间。当时,他接触到了一种叫地谷的材料。这是一种高抗稻瘟病水稻品种,由福建省农业科学院培育。“地谷”引起了陈学伟的兴趣。

此前,陈学伟深知农药的危害,知道大多数农药不仅有污染土地和水源的副作用,也会伤害农民。“地谷 A、地谷 B 刚推出来时,还是挺不错的。”陈学伟说。“地谷”的出现降低了农民抵御稻瘟病时对农药的依赖。但随着水稻产业发展,“地谷”的缺点凸显,它品质一般,籽粒比较小,产量也不怎么高。陈学伟决定要找到地谷材料中的抗病基因,理解它背后的奥秘。

当时陈学伟 24 岁,这样的工作对年轻科研者来说,非常困难。前辈告诉他,完成这些,最起码要毕业了几个博士才能完成。陈学伟不畏惧踏入无人区,他很渴望成为找到一把尺的那个人。

六年后,陈学伟成功克隆出了两种抗病基因,在面对稻瘟病时,他们终于有了一把尺——这之后育种工作者有了参照标的,培育出的新水稻,可以检测 DNA 中有没有对应的抗病基因。“那些没有抗病性的,就能直接扔掉不种了,能节约很多时间。”“我们用先进的技术和田间育种结合起来,大大缩短了时间,节约了很多工作量。”

胜利带来的喜悦,没有持续太久。陈学伟发现,稻瘟病就像是流行感冒,每一次来得都不太一样。在中国,稻瘟病每年导致 500 万 hm^2 以上的水稻减产,直接损失稻谷达到 15 亿～30 亿 kg。世界各大稻区都面临着稻瘟病的危险,稻瘟病一般会让水稻减产 10%～20%,严重的,曾有减产 50%的情况出现。

又经过七年的研究,陈学伟和团队找到了一个基因位点,不仅能抵抗目前已知的稻瘟病,还能满足增产、米质优的需求。陈学伟花了 21 年的时间，为解决稻瘟病，找到了一劳永逸的方法。

科学是注重传承的，人的生命是短暂的。一路走来，每一代科学家都担负起了自己的使命。

袁隆平、周开达等为代表的一代科学家，努力让水稻增产，消除饥饿。陈学伟这一代科技工作者，使命是在粮食增产的同时，想办法提高抗病性，争取能不打农药。而比陈学伟这代人更年轻的工作者，则需要研究能够兼顾抗病、高产、优质、营养等多种需求的品种。

任务小结

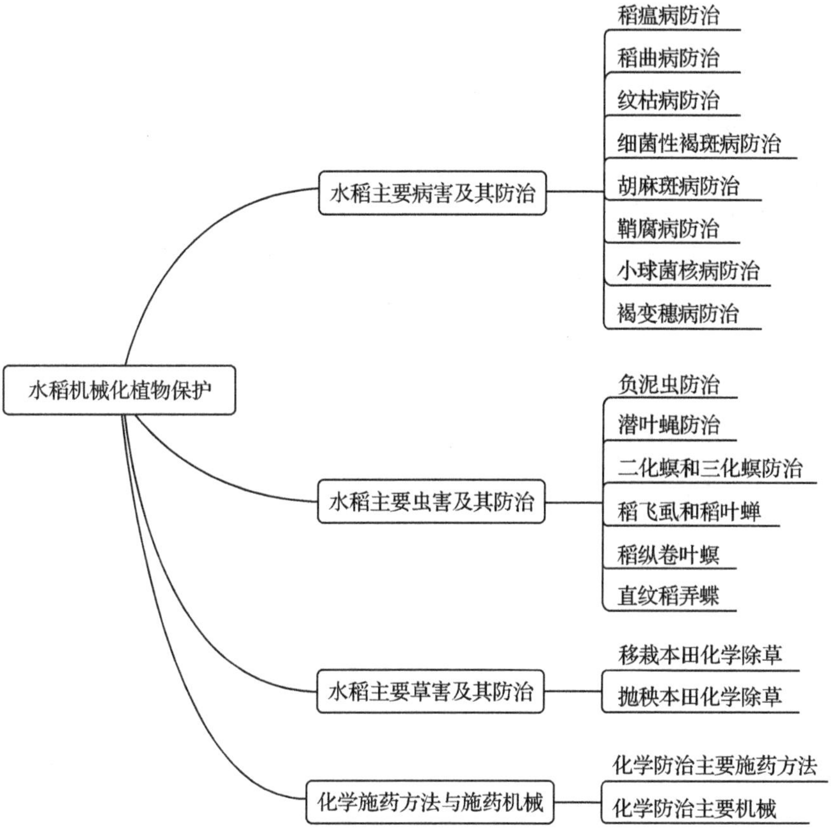

任务练习

1. 水稻施药方法有哪些？
2. 水稻常见病害有哪些？如何防治？
3. 水稻常见虫害有哪些？如何防治？
4. 水稻常见草害有哪些？如何防治？

任务二　水稻机械化施肥

任务描述

在生产实践中，科学施肥是保障水稻产量的重要措施之一，水稻一生中需肥量很大，应根据水稻不同时期吸肥规律进行科学合理的施肥，来获得更高的生物产量和经济产量。

任务资讯

一、肥料种类

肥料施于土壤中或植物上，能够改善植物的生长发育和营养条件。肥料一般可分为化学肥料和有机肥料 2 大类，每一大类中都有固体和液体 2 种形态。

（一）化学肥料

化学肥料一般加工成颗粒状、晶状或粉状（图 5-36）。一般只含有 1 种或 2～3 种营养元素，但含量高，肥效快，用量也少。液态化肥主要是液氨和氨水。液氨含氮量约 82%，氨水则是氨的水溶液，含氮量仅为 15%～20%。近年来，各种新型液态肥也被用于水稻生产的一线。

图 5-36　固体肥料的常见形态

化肥的物理机械性能直接影响机械化施肥机具的选择与效果，主要有：

①松散性　干燥的化肥颗粒间只有摩擦力的结合。将松散的化肥自然堆放成一个圆锥体时，锥体休止角的大小即可代表该化肥的松散性程度。

②吸湿性　即化肥从空气中吸收水分的性质和能力。大多数化肥有吸湿作用，其吸湿能力决定于周围空气的温度和相对湿度，同时决定于化肥颗粒的大小和堆放的厚度。

③黏结性　即化肥黏结、团聚而形成硬块的性质。化肥吸湿后或受到一定压力后（如压重、搅拌），易黏结成大的颗粒甚至结成大块，或黏结在排肥器上。因此，使用化肥时应注意其黏结性。

④架空性　将肥料放在平面上，从其下部取出一部分，形成洞穴而上部的肥料并不松塌，这种现象称为架空性。化肥吸湿后架空性增强。

（二）有机肥料

有机肥料主要是由人畜粪尿、植物茎叶及各种有机废弃物堆积沤制而成，亦称农家肥。有机肥能增加土壤中有机质含量，改善土壤结构，还能提供作物所需的多种养分。但肥效缓慢。

二、水稻施肥技术

(一)肥效反应规律

肥效反应线是指水稻在N叶期施肥，肥效反应在N+1叶较少，N+2叶较多的水稻需肥规律。按照水稻生育叶龄进程，根据肥效反应规律科学施肥，确保促进水稻生长发育。如，水稻返青后3.5叶施蘖肥，5.5叶正是11叶品种水稻盛蘖叶位期，此期发挥肥效对促进水稻早分蘖、快分蘖十分有利。生产上要求插秧后5 d之内必须施完分蘖肥。

(二)施肥量确定

施肥总的原则是因地因土施肥，土地肥沃、地力条件好的地号少施，尤其是氮肥；地号瘠薄、肥力较差的多施。

常规生产田计划产量600 kg/亩，亩施纯氮6.5 kg，五氧化二磷3.68 kg，氧化钾5.5 kg。建议亩施肥量30 kg：尿素(46%N)11 kg，磷酸二铵(18%N、46%P_2O_5)8 kg，硫酸钾(50% K_2SO_4)11 kg，N∶P∶K=2∶1.1∶1.7，提高钾肥用量，逐步使N∶K纯量比达到1∶1；计划产量650 kg/亩以上或高产创建时，建议亩施肥量35 kg左右；高产田、种子田施肥N∶P∶K=2∶1∶(1.8～2.0)。

积极推广使用生物有机肥和硅、钙肥以及镁、锌等中微量元素肥料与氮磷钾三大肥的配施，加大水稻侧深专用肥的使用面积。

(三)常规施肥

1. 基肥

氮肥总量的40%、磷肥100%、钾肥60%，最后一遍水整地前人工全田施入或用撒肥器施入，随搅浆整地耙入土中8～10 cm。注意磷肥不能表施，以免引起表层磷肥富集诱发水绵发生。

2. 蘖肥

返青后立即施分蘖肥，使肥效反应在盛蘖叶位(如12叶品种在盛蘖叶位6叶)，如分2次追施蘖肥，第2次蘖肥最晚在6叶期前施用，以免肥效反应在有效分蘖临界叶位之后。分蘖期追施氮肥，一般为全生育期总施氮量的30%左右。每公顷用尿素45～68 kg，可分2次施用，第1次用计划量的80%，过几天再用余下的20%。分蘖期要注意抢晴、浅水施肥，尽量使土肥混合，以提高肥效，施肥后约一周不排不灌，减少养分损失。

3. 调节肥(接力肥)

氮肥总量10%，水稻倒4叶前后，水稻抽穗前30 d左右，功能叶明显褪淡2/3时，哪黄施哪。如不使用调节肥时，则将10%调节肥用于蘖肥，即蘖肥由30%调整为40%，高产创建的地号必须施用调节肥。

4. 穗肥

在水稻倒2叶(飘长叶后的新生叶片)露尖到长出一半时施用，氮肥总量的20%，钾肥总量的40%。施氮肥时注意“三看”：观察田间是否出现拔节黄，底叶有无枯萎，有无稻瘟病害，如未出现拔节黄褪淡时则晚施；底叶有枯萎、干尖现象先放水壮根，后复水施肥；有稻瘟病(叶瘟)发生应晚施，先晒田壮根或先防病后施肥。

5. 粒肥

常规生产田以叶面追肥代替粒肥，高产创建田依据田间叶龄诊断，在抽穗后田间出现落黄现象时，可以亩增施总氮量10%(尿素约1 kg)作粒肥，在水稻抽穗后8 d以内施完。

(四)侧深施肥

机械插秧时同步施入专用基蘖同施肥(N∶P∶K=21∶15∶16)25 kg/亩或专用基肥(N∶P∶K=18∶18∶18)20 kg/亩,将肥料施在水稻秧苗根系侧 3 cm、深 5 cm 处;使用基蘖同施肥的地块,穗肥施尿素 2 kg/亩(或调节肥 1 kg,穗肥 1 kg)、50%硫酸钾 3 kg/亩。使用专用基肥侧施的地块,蘖肥施尿素 4.0 kg/亩,调节肥施尿素 1.0 kg/亩,穗肥施尿素 1.0 kg/亩、50%硫酸钾 4 kg/亩。

(五)叶面追肥

水稻全生育期结合防病进行叶面追肥 2~3 次,营养生长期叶面肥以酿造米醋、氨基酸、腐殖酸类为主,生殖生长期以酿造米醋、磷酸二氢钾等促早熟为主,严禁使用含氮量高的微肥。同时积极扩大叶面喷施硅、镁、硼、锌肥等施用面积。

三、施肥机械

常用的水稻施肥机械根据肥料种类和施用方式的不同,可分为化肥撒肥机、有机肥撒布机、侧深施肥机、水稻插秧同步精量施肥机等。

(一)化肥撒肥机

(1)离心圆盘式撒肥机

离心圆盘式撒肥机主要工作部件是 1 个由拖拉机动力输出轴带动旋转的撒肥圆盘,盘上一般装有 2~6 个叶片。工作时,肥料箱中的肥料在振动板作用下流到快速旋转的撒肥盘上,利用离心力将化肥撒出。排肥量通过排肥口活门调节。单圆盘撒肥机肥料在圆盘上的抛出位置可以改变,以便在地边左、右单面撒肥,或在有侧向风时调节抛撒面。双圆盘式撒肥机 2 撒肥盘转向相反,能有选择地关闭左边或右边撒肥,以便单边撒肥(图 5-37),其工作状态如图 5-38 所示。

图 5-37　离心圆盘式撒肥机

图 5-38　离心圆盘式撒肥机作业

图 5-39　摆管式撒肥机

(2)摆管式撒肥机

摆管式撒肥机的摆动撒肥管由动力输出轴传动的偏心轴使其做快速往复运动,进入撒肥管的肥料以接近正弦波的形状撒开。搅肥装置和排肥孔保证向撒肥管中均匀供肥(图 5-39)。

(二)有机肥撒布机

如图 5-40 所示,在车厢式肥料箱的底部装有输肥链,输肥链使整车有机肥缓慢向后移动,撒肥滚筒将肥料击碎并喂送给撒肥螺旋。击肥轮击碎表层有机肥,并将多余的有机肥抛向肥料箱，使排施的有机肥层保持一定厚度。撒肥螺旋高速旋转将有机肥向后和向左右两侧均匀地抛撒。改变车厢后部的散布控制板可以实现车宽散布（厚布）（图 5-41）和飞散散布。

图 5-40 有机肥撒布机

图 5-41 有机肥撒布机的车宽散布

（三）侧深施肥机

长期以来，我国水稻生产过程中一直沿用撒施肥方式，即插秧前撒施在大田表面，或是耕整地时将肥料均匀搅拌于土壤中。这种方法施肥量大、利用率低，插秧排水导致肥料养分流失且污染环境，均匀拌到土壤中导致离水稻根系较远的肥料无法被吸收。

水稻侧深施肥是在精准插秧的同时，在距水稻秧苗根部 3～5 cm 且深度为 5 cm 左右的位置施以肥料的局部施肥技术。侧深施肥由于肥料条施集中，在土壤中浓度较高，增加了吸收压力，使水稻吸收速度加快。肥料位置距离根系较近，有利于水稻返青后直接吸收利用，减少了因田水排放造成的肥料损失和污染。氮素利用率得到了提高，从而保证了水稻生长期间养分供应充分、及时，促进了分蘖的早生快发，形成良好的群体结构，有利于增加分蘖，提高穗粒数和干物质重，从而提升产量、品质和效益。

水稻侧深施肥机一般安装在水稻插秧机上，主要由肥料箱、传动及施肥量调节装置、鼓风机、输肥管、开沟覆土以及报警装置等组成（图 5-42）。这种施肥机通过鼓风机将从肥料箱定量排出的肥料排出软管，由开沟器控制施肥深度实现高精度施肥。同时具有施肥监视器，施肥作业中，肥料不足或者肥料堵塞时，就会以主面板的指示灯闪烁和蜂鸣音提醒。

（四）水稻插秧同步精量施肥机

一种水稻插秧同步精量施肥机（图 5-43）主要由螺杆、螺杆套、减速器、直流电机等组成。施

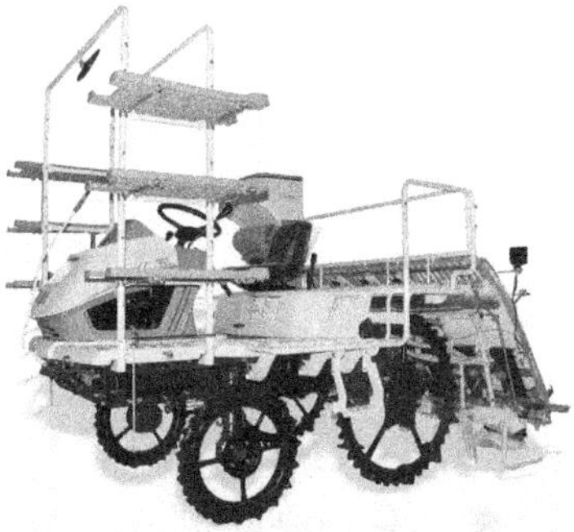

图 5-42 水稻侧深施肥机

图 5-43 一种水稻插秧同步精量施肥机

肥机搭载在高速乘坐式插秧机上，通过电器装置与水稻插秧机的栽植部件同步作业。螺杆由直流电机通过减速器驱动，施肥作业时，肥料从输送管进入螺杆的螺旋槽中、从螺杆的末端排出，将水稻生长发育所需的肥料深施到预先设置好的位置。该系统配置彩色液晶显示屏，可分别显示每个施肥部件的状态及整机的施肥量，并实时监测施肥机的运行状态。

任务实施

水稻机械施肥

(一)目的要求

能够根据水稻需肥规律合理确定施肥种类、施肥方法、施肥量、施肥时期，掌握施肥机械调试、操作驾驶等技术。

(二)材料用具

肥料、手套、口罩、施肥机械、机械调试工具箱、记录表。

(三)方法步骤

(1)利用养分专家系统等方法确定施肥种类和施肥量。

(2)根据水稻生长情况、生长时期确定施肥种类、施肥量、施肥方法和施肥时期。

(3)调试施肥机械并用施肥机械科学施肥。

把水稻机械施肥情况填入水稻机械施肥记录表(表 5-4)中。

表 5-4　水稻机械施肥记录表

时间	生长时期	施肥种类	施肥方法	施肥量	施肥机械	备注

(四)考核标准(表 5-5)

表 5-5　考核标准

序号	考核内容	考核要点	分值	评分标准	扣分	得分
1	材料用具准备	材料准备齐全	10	缺一项扣 1 分		
2	施肥种类确定	施肥种类确定正确	10	施肥种类确定不正确扣 1～10 分		
3	施肥量确定	施肥量确定科学合理	15	施肥量确定不合理扣 1～10 分		
4	施肥方法确定	施肥方法选用准确	15	施肥方法选用不准确扣 1～10 分		
5	施肥时期确定	施肥时期确定科学合理	15	施肥时期确定不科学扣 1～10 分		
6	施肥机械调试及操作驾驶	施肥机械调试及操作驾驶正确、规范	15	施肥机械调试及操作驾驶不正确或不规范一项扣 5 分		
7	场地清理	操作场地物品机具摆放整齐有序，任务完成后物品机具归位	10	操作场地不干净整洁扣 1～3 分，物品摆放不整齐扣 1～3 分，任务完成后物品没有归位扣 1～3 分		
8	团队协作	各成员都积极参与，分工协作，任务完成快	10	有成员没参与一人扣 2 分，分工不明确，团队合作不佳扣 1～5 分，任务完成得慢扣 1～2 分		

案例分析

某水稻田在生长期间出现过一条一块叶色浓绿、贪青晚熟、倒伏等现象，请分析原因，并给出预防措施。

知识拓展

水稻的需肥规律

(一)需肥量

水稻必需的营养元素有 16 种。其中，碳、氢、氧是靠空气和水分供应，其他是靠根系从土壤中吸收。吸收量较多的是氮、磷、钾、硅，较少的是钙、镁、硫，吸收微量的是铁、铜、锌、硼、钼、氯。一般情况下，只有氮、磷、钾必须通过施肥补充，其余元素依靠自然肥力和施用有机肥料均可满足。

据分析，每生产 100 kg 稻谷，需要吸收氮素 1.8～2.5 kg，磷素(五氧化二磷)0.9～1.2 kg，钾素(氧化钾)2.1～3.3 kg，三者比例约 2∶1∶2.5。从上述数据可推算出水稻不同产量水平的养分需要量。

(二)各生育期吸肥特点

水稻对营养元素的吸收，一般是插秧返青后逐渐提高，至抽穗前达最高，以后逐渐减少。据研究，水稻分蘖期吸肥量占总吸肥量的 20%～40%，长穗期占 45%～55%，结实期占 10%～20%，吸收氮、磷、钾最多的时期在孕穗期。水稻对氮素和磷、钾相比，前期吸收氮素较多。黑龙江省水稻对氮素的吸收，有 2 个高峰期，一是插秧后 3 周前后，茎、叶中含氮量达到 3.0%～3.5%以上时，才有利于分蘖的形成。二是水稻进入孕穗中期以后减数分裂期，在插秧后的 7～8 周，此时氮素供应不足，常会引起颖花退化，而不利于高产。在此期间，茎、叶中含氮量应保持在 2.5%以上。水稻抽穗后，茎、叶中的含氮量应在 1%以上，以保持后期叶片的光合能力和根系活力。

思政园地

艰苦奋斗谋创新——黄富

1986 年，黄富从原西南农业大学植物保护专业毕业，被分配到四川省农科院水稻高粱研究所从事水稻、高粱植保科研工作。从此，他与水稻结下不解之缘。先后被遴选为四川省跨世纪杰出青年学科带头人、首批四川省学术和技术带头人后备人选，获评四川省有突出贡献的优秀专家、四川省杰出青年技术创新带头人。

黄富首次提出抗病与大粒、优质相结合的技术路线。通过与中国农业大学彭友良教授团队长期合作研究，创建了一套抗稻瘟病基因鉴选的技术体系，育成了以先锋杂交种宜香优 2115 为代表的系列优质抗病杂交稻新组合。宜香优 2115 抗倒性强，适宜机插机收，深受新型农业经营主体和农户喜爱，米好看、饭好吃，已成为西南稻区大米加工企业打造优质大米名优品牌的优选品种，深受城乡各类消费人群喜爱。2016 年宜香优 2115 成为西南稻区年推广面积最大的品种，已累计示范推广 1 300 余万亩，生产优质稻谷 67.6 亿多 kg，新增社会经济效益

58亿多元。大幅度减少了农药和化肥用量，实现水稻生产资源节约、环境友好和可持续发展，生态效益显著。为水稻产业供给侧结构性改革、精准扶贫、农民增产增收、新形势下水稻产业绿色转型升级和乡村振兴发挥了重大作用。

黄富说“成果是过去努力的结果，科技创新无止境，新材料新品种创制没有最好、只有更好”。目前，他带领团队与袁隆平农业高科技股份有限公司、荃银高科种业股份有限公司、金色农华种业科技股份有限公司、丰乐种业股份有限公司、中种集团种业有限公司等国内知名企业广泛开展合作，在多抗优质水稻新材料创制和品种选育的“稻”路上继续前行。

任务小结

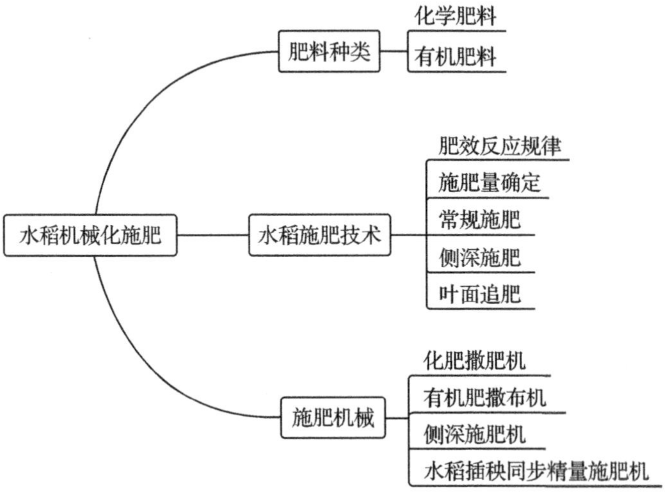

任务练习

1. 水稻肥效反应规律是什么？
2. 水稻施肥方法有哪些？
3. 水稻施肥机械有哪些？各有何特点？
4. 如何确定水稻施肥量？

任务三　水稻田灌溉技术

任务描述

水稻的整个生育过程都离不开水，水稻的基本需水包括生理需水和生态需水。稻田水分管理就是要在水稻的各生育期内根据其不同的需水要求，科学合理地进行排灌水，保证其正常的生理需水和生态需水，从而促使水稻正常生长发育，形成更好的产量和质量水平。在实际生产上，要认真掌握水稻各生育期的需水特点，科学合理地进行水分管理。

任务资讯

一、井灌要求

井水灌溉输水渠道要采用宽浅式渠道，并将渠道坡降改缓，降低流速，增加水在渠道中的流动时间，提高灌溉水温度。晒水池面积为本田面积的2%～3%，利用散水槽、长渠道、隔墙式晒水池、叠水板、渠道覆膜、回水灌溉等综合增温措施，形状以长方形为宜，最好采用地上池，池内水深0.6 m。

井水灌溉时要防止大水猛灌，不要灌过塘水、长流水，要充分利用水的比热大、热容量高的物理特性，令其发挥蓄能作用。田间工程要完善，每个格田都应实现单排单灌。池埂要坚实，防止跑水漏水。渗漏大的田块应在整地时机械多次进行水耙，或放水前先用机械旱整，这样可以减少漏水。

二、灌水时间

面积300亩以内的地块，选择高温时间进行灌水。对于面积大于300亩的地块，夜间灌溉距水源近的田块，白天灌距离水源远的地方，午间高温时段灌中距离田块，这样可以使灌水水温接近于田间水温，使全田水温一致，稻根不会因水温骤降受到伤害。对于距水源近的田块，最好在早晨5～6时趁田间水温低时灌水，到8～9时灌完，至10时左右全田水温就可达到一致。

三、灌溉技术

（一）插秧期

插秧时花达水，可使秧苗插得浅，插得直，不易飘秧，有利于促进早分蘖，增加有效分蘖率。

（二）返青期

水稻在花达水插秧后及时灌水扶苗，水深达到苗高2/3(4～6 cm)，必须建立一定的水层，以便创造一个温度较为稳定的环境，以不淹没秧苗心叶为准，以水护苗，以水增温，促进水稻早返青。

（三）分蘖期

水稻返青成活后进行浅水灌溉，灌水深度3～5 cm。分蘖始、盛期高肥田采取强度间歇灌溉，中肥田采取轻度间歇灌溉，也可视苗情在分蘖始期浅灌、分蘖盛期间歇灌溉；分蘖期浅湿灌溉，可使氧化层加大，氮化细菌，有机磷细菌及纤维分解菌增多，促进了有机肥料分解与养分释放，改善了水稻营养条件，其综合作用的结果是促进水稻早分蘖，多分蘖，提高有效分蘖率。

通过落干晒田，控制无效分蘖，降低稻田含水量，减少植株对氮的吸收率，使后期分蘖发生受阻。晒田适宜期为有效分蘖临界期，最晚不超过穗分化前期，分蘖力强的品种分蘖达到计划茎数的80%时开始晒田，分蘖力弱的品种可在达到计划茎数时开始晒田，但土壤有机质含量高的田块要提早晒田，否则达不到控蘖的效果。至于落干时间长短，晒田轻重，则应视土壤类型、气候、稻苗等情况灵活掌握，一般晒至大面积无水、脚窝有水，地表出现微裂。具体水层管理如图5-44所示。

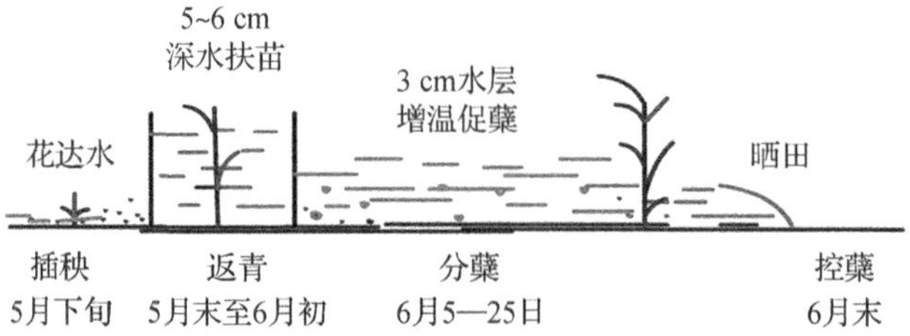

图 5-44 水稻分蘖期水层管理示意图

(四)长穗期(11 叶品种 7.5 叶至齐穗,12 叶品种 8.5 叶至齐穗)

幼穗分化期一般应保持浅水层,适时晾田 2～3 次,或根据苗情采取轻度间歇灌溉,以防止顶叶和基部节间过度伸长。抽穗前的减数分裂期对水的反应最为敏感,缺水会造成枝梗及颖花发育不全,影响籽粒形成。农谚有"树怕剥皮,禾怕干苞"之说。减数分裂前(最后一叶露尖)采取间歇灌溉,灌水 3～5 cm,自然渗干后田面呈一定湿润状态再灌,如此反复,但减数分裂期后(11 叶品种 10.2 叶之后,12 叶品种 11.2 叶之后)不能缺水,进入减数分裂始期,也就是剑叶叶耳间距在－10 cm 时就逐渐建立水层,到剑叶叶耳间距－5 cm 时,若遇到低于 17 ℃的低温,应灌温度 18 ℃以上的水 17～20 cm,预防障碍型冷害的发生。如果灌溉水温达不到 18 ℃时,则不要灌水温低于 17 ℃冷水,以免造成人为冷害。

(五)结实期

主要是养根保叶。乳熟期要间歇灌溉,即灌 3～5 cm 浅水,自然落干至地表无水再行补水,如此反复;蜡熟期,间歇灌溉,灌 3～5 cm 浅水自然落干,脚窝无水再行补水,如此反复,直至蜡熟末期停灌,黄熟初期排干。抽穗后 30 d 以内,不可停灌,防止撤水逼熟。

任务实施

水稻田水分管理

(一)目的要求

能够根据水稻需水规律合理确定排灌水时间、排灌水方法、排灌水量。

(二)材料用具

手套、排灌机械、机械调试工具箱、任务单。

(三)方法步骤

(1)根据水稻生育时期、需水规律等确定排号灌水时间和排灌水量。

(2)调试排灌机械,调节出水量及出水时间。

(3)把水分管理明细填入水稻田水分管理记录表 5-6 中。

表 5-6 水稻田水分管理记录表

时间	水稻生长时期	原水层深度	管理后深度	排灌水方法	备注

(四)考核标准(表5-7)

表5-7 考核标准

序号	考核内容	考核要点	分值	评分标准	扣分	得分
1	材料用具准备	材料准备齐全	10	缺一项扣1分		
2	水分管理	水分管理科学合理	70	水分管理不当一项扣10分		
3	团队协作	各成员都积极参与,分工协作,任务完成快	20	有成员没参与一人扣2分,分工不明确,团队合作不佳扣1-5分,任务完成得慢扣1-2分		

案例分析

某农场水稻田中出现了穗顶端有不孕粒(图5-45),而穗基部结实多。请分析原因,如何预防?

图5-45 水稻穗田间表现

知识拓展

水稻需水特点

水稻需水分为生理需水和生态需水。种稻一般实行水层灌溉,不仅是为了保证水稻生理需水,更重要的是创造适宜于水稻生长发育的生态条件。在水层下,造成土壤还原状态,有机物分解慢,积累多,氮素呈铵态存在,磷、钾、硅等也容易释放,这些都有利于土壤肥力的保持和提高;水层对稻田的温度和湿度有一定的调节作用;通过水层深浅及落干可以直接起到促进或控制水稻生长发育的作用,如分蘖末期落干晒田控制无效分蘖;水层的存在,有利于发挥许多除草剂的除草效果;盐碱地种稻通过水层灌溉,可以起到压盐排碱的作用。

水稻苗期需水少,插秧、返青至分蘖前期需水多,分蘖后期至拔节初期需水少,孕穗期至抽穗期需水多,是水稻需水的临界期,灌浆成熟期需水少。

【扫一扫】

5. 北大荒精神——
把饭碗端在自己手里

任务小结

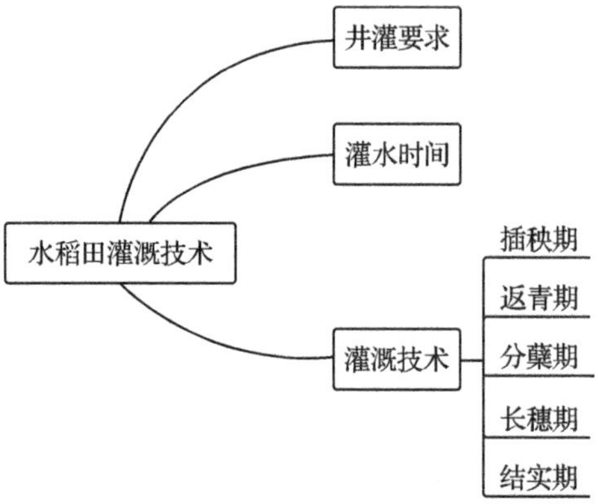

任务练习

1. 如何根据水稻需水规律进行田间水分管理？
2. 如何利用水分管理控制水稻无效分蘖？
3. 在水稻长穗期如何利用水分管理预防低温冷害？

模块六　水稻收获及秸秆处理机械化技术

教学目标

知识目标

1. 掌握水稻适宜收获时期。
2. 掌握水稻机械化收获机械及技术要求。
3. 掌握水稻秋收减损关键技术。
4. 掌握水稻秸秆机械化处理方法。

能力目标

1. 能够根据生产实际判断水稻最佳收获时期。
2. 能够根据生产实际选择适宜收获机械及收获方法。
3. 能够对水稻秸秆进行机械化处理。

任务一　水稻机械化收获

任务描述

水稻收获作业是水稻生产需要劳动量最大的农田作业项目之一，也是水稻栽培过程的最后一个环节。它直接影响水稻的产谷量和质量，还影响下茬作物的及时栽种，具有季节性强的特点。水稻收获机械是生产中不可缺少的农业装备，也是农业生产装备水平的标志之一。使用联合收割机进行水稻收获作业有一定的技术要求。操作人员应确定适宜收割期，提前检查调试好机具，执行水稻机收作业质量标准和操作规程，减少收获环节的损失，提高生产效率，促进安全生产。

任务资讯

一、水稻收获适期

水稻成熟期一般包括乳熟期、蜡熟期、完熟期和枯熟期。

(一)乳熟期

水稻开花后 3～5 d 即开始灌浆。灌浆后籽粒内容物呈白色乳浆状，淀粉不断积累，干、鲜重持续增加。在乳熟始期，鲜重迅速增加，在乳熟中期，鲜重达最大，米粒逐渐变硬变白，背部仍为绿色。该期手压穗中部有硬物感觉，持续时间为 7～10 d。

(二)蜡熟期

该期籽粒内容物浓黏，无乳状物出现，手压穗中部籽粒有坚硬感，鲜重开始下降，干重接近

图 6-1 完熟期的水稻

最大。米粒背部绿色逐渐消失，谷壳稍微变黄。此期经历 7～9 d。

(三)完熟期

谷壳变黄，米粒水分减少，干物重达定值，籽粒变硬，不易破碎(图 6-1)。

(四)枯熟期

谷壳黄色褪淡，枝梗干枯，顶端枝梗易折断，米粒偶尔有横断痕迹，影响米质。

水稻完熟期谷壳变黄，籽粒变硬，米粒水分少且不易破碎，籽粒干物质重达最大值。完熟期的标志是：每穗谷粒颖壳 95%以上变黄或 95%以上谷粒小穗轴及护颖变黄，米粒定型变硬，呈透明状。这时期是水稻谷粒生理成熟的重要标志，也是水稻收获最佳时期。

二、水稻机械化收获机械

(一)水稻收获方法

根据不同的自然条件、栽培制度、经济和技术水平，我国目前采用的水稻机械化收获方法有以下 3 种。

图 6-2 水稻的分段收获

1. 分段收获

先用收割机将水稻割倒，成条铺放在田间、打捆运输和堆垛，在田间或打谷场进行脱粒，最后进行分离和清粮。这种方法使用的机器结构简单、造价较低；保养、维修方便，易于推广。但整个过程劳动量大，生产效率低，谷粒的总损失较大(图 6-2)。

2. 两段收获

用割晒机将水稻割倒，成条状铺放在具有一定高度的割茬上。经 3～5 d 晾晒和后熟，然后进行捡拾、脱粒、分离和清粮等联合作业。这种方法可以增加机器收获的时间，预防倒伏，提高稻谷质量。但增加了机械的作业次数，若晾晒期间遇雨，则可能造成稻谷的发芽和霉烂(图 6-3)。

3. 联合收获

在田间一次完成切割、脱粒、分离和清粮作业。这种方法劳动生产率高，劳动强度低，能及时清理田地，稻谷总损失较低，是目前采用最多的收获方法(图 6-4)。

图 6-3 水稻的两段收获

图 6-4 水稻的联合收获

(二)水稻联合收获机械种类

联合收割机在田间一次完成切割、脱粒、分离与清粮等作业,可直接获得清洁的谷粒。它能有效地提高劳动生产率、降低劳动强度、减少谷粒损失,有利于大面积及时收获。特别在收获季节降水较多的地区,用联合收割机抢收水稻,更能显示其优越性。

1. 半喂入联合收割机

将作物割断后,输送至半喂入式脱粒装置进行脱粒,并进行清粮,最终获得干净的谷粒(图 6-5)。

图 6-5　履带式半喂入联合收割机

半喂入联合收割机作业时割下的稻株用夹持链夹住茎秆基部,仅使穗头部分进入脱粒装置,因此能保持茎秆完整。

半喂入联合收割机的优点是油耗较低,留茬高度可以自由控制,有利于倒伏作物的收割及来年的耕作,收获的谷粒完整性较好,且较为干净,自动化的程度很高,可以切碎稻秆也可以整体保留稻秆。缺点是售价较高、对机手的技术要求较高。

2. 全喂入联合收割机

将作物割断后,输送至全喂入式脱粒装置进行脱粒,随后进行分离和清粮,获得干净的谷粒(图 6-6、图 6-7)。

图 6-6　轮式全喂入联合收割机

图 6-7　履带式全喂入联合收割机

全喂入联合收割机作业时被割下稻株全部喂入脱粒装置中进行脱粒。按稻株通过滚筒的方向不同,全喂入式又可分为切流滚筒式和轴流滚筒式 2 种。

①切流滚筒式联合收割机工作时,稻株沿旋转滚筒的切线方向运动,经脱粒后,沿滚筒后部切线方向排出。切流式全喂入联合收割机适合收割小麦。

②轴流滚筒式联合收割机工作时,稻株从滚筒的一端喂入,并沿轴流滚筒轴做螺旋状运动,它通过滚筒的时间较长,脱下的谷粒可以被充分分离,因此可省去尺寸庞大的逐稿器,减少了机器的体积和重量,小麦、水稻等作物均能通用。

全喂入联合收割机的优点是操作便捷、收获时不需对行、速度比较快、购置价格较低、机具的适用性高,改良后可兼收油菜。缺点是含杂率及破损率高于半喂入式,油耗相对较高,稻秆切碎后只能用于还田、留茬较高，不利于翻田后再次耕种。

3. 轮式与履带式底盘的区别

联合收割机分为方向盘轮式、操纵杆履带式2种。前者准驾代码R，后者准驾代码S。

①方向盘轮式联合收割机是指以方向盘作为转向操作工具、以轮胎与地面的接触支承车身并实现行驶性能的联合收割机。轮胎一般为橡胶材料，有充气和实心之分，联合收割机一般使用充气轮胎。

这种收割机生产成本相对较低，相同车重和功率下行驶速度比履带式收割机快，轮胎维护、更换比较方便。缺点是转弯半径大，通过性能和爬坡能力差，适应恶劣地面的能力不如履带式。

②操纵杆履带式联合收割机是指以操纵杆作为转向操作工具、用履带与地面接触行走的联合收割机。履带是由主动轮驱动、围绕着主动轮、负重轮、诱导轮和托带轮的柔性链环。履带一般有金属和橡胶2种材料，另外有些金属履带车辆也可以外挂橡胶构件，称为挂胶履带，联合收割机多用橡胶履带。

操纵杆履带式联合收割机的优点是转弯半径小，越野能力强，更能适应恶劣地面。缺点是生产成本相对较高，相同车重和功率下行驶速度没有轮式车辆快，履带维护、更换较烦琐。

三、水稻机械化收获技术要求

（一）机收作业条件要求

作业之前应实地察看作业田块的状况、作物的产量、品种及自然高度、谷物倒伏情况。根据作物的状态、田块的大小及条件，确定收割作业方法，保证高效作业。

1. 作物的高度和产量

收割前要实地观测水稻生长高度和产量，确定留茬高度，一般不要超过15 cm。半喂入式联合收割机适宜作业的水稻生长高度为55～110 cm，穗幅差≤25 cm。作物高度超出110 cm时，可以适当增加割茬高度，并调浅脱粒喂入深度。当产量超过650 kg/亩时，无论半喂入或全喂入收割机，都应降低作业速度，适当增加割茬高度并减小收割幅宽。

2. 作物的湿度

一般应在谷物完熟期后进行收割，若季节性抢收要进行潮湿作物收割时，应经常检查凹板筛是否堵塞，并注意及时清理。有露水时，要等到露水消退后再进行收割。

3. 倒伏情况

收割倒伏水稻时应先放慢收割速度，原则上倒伏角小于45°时顺割；倒伏角45°～60°时逆割；在倒伏角大于60°时不适宜进行机收，若一定要机器收割时，则应尽量降低收割速度。

4. 杂草情况

若田间杂草太多，则应考虑放慢收割机前进速度，减少喂入量，防止出现堵塞和谷物含杂率过高等情况。

（二）作业前机具检查调试

水稻联合收割机作业前要保持机具良好技术状态，预防和减少作业故障，提高工作质量和效率。应做好以下检查准备工作。

1. 机具检查

一是检查清理散热器，将散热器上的草屑、灰尘清理干净，防止散热器堵塞，引起发动机过热、水箱开锅，应在每个工作班次间隙及时清理。二是检查清洗空气滤清器，每班次前检查空气滤清器滤网堵塞情况，做必要清理。三是检查割台、输送带及传动轴等部分的紧固件和连接件，防止松动。四是检查各润滑点润滑油是否需要补充。五是检查各运转部件是否正常及机内是否有异物。六是检查升降系统是否工作正常。

2. 试割

开始收割水稻或更换收割品种时要进行试割。试割长度 10～15 m，按照作业质量标准仔细检测试割效果（损失率、谷物含杂率和破碎率），并按照实际检测情况对相应部件（如风机进风口开度、振动筛筛片角度、凹版间隙、拨禾轮位置、半喂入收割机的喂入深浅等）进行调整，调整后再试割检测，直至达到质量标准为止。

四、水稻秋收减损关键技术

（一）按品种特性选择合适机型减少损失

①按脱粒难易选择机型　收割易脱粒品种使用全喂入收割机，难脱粒品种采用半喂入收割机。

②按株高调整喂入深度　株高为 110 cm 以下、穗幅差≤25 cm，选用半喂入式联合收割机；株高超出 110 cm 时，可以适当增加割茬高度，对半喂入联合收割机要适当调浅脱粒喂入深度。

（二）按成熟度选择收获时期减少损失

收获过早或过晚、收获时含水量过高或过低都会造成脱粒清选损失。收获过晚如遇连绵秋雨，还会引起穗发芽造成严重减产。

①按成熟度确定收获时期　一般以稻谷籽粒含水量 15%～28%、水稻的蜡熟末期至完熟初期较为适宜收获；在易发生自然灾害或复种指数较高的地区，为抢时间，可提前至九成熟时开始收获；如果水稻完全成熟后收获，谷粒由黄变白，枝梗和谷粒都变干，特别是经过霜冻之后，晴天大风高温，穗茎和枝梗易折断，尽量降低留茬高度，一般在 10～15 cm。

②按露水程度确定收获时间　由于早上 7 时前水稻植株存在露水，籽粒不易脱落导致损失率升高，10 时以后露水逐渐消散，植株比较干爽，易于脱粒，建议适宜收获时间为 10 时后开始收割，当然也要根据具体的天气情况定时间。

（三）按水稻田间长势确定机收方法减少损失

①倒伏或在较为泥泞的湿田中水稻，选择好天气调整收割机作业参数。应提前 2～3 d 排干田中积水，收割时间最好选择晴天、空气干燥的时间段以减少损失；作业速度一般采用Ⅰ档或Ⅱ档，前进方向应与水稻倒伏方向相反或与倒伏水稻成 45°左右；适当向前向下调整拨禾轮，以确保顺利拨禾和正常切割。

②不同株高或密植水稻，调整收割机作业参数。低矮水稻的收割，要调低拨禾轮的位置，调小伸缩杆与割台底板的距离，适当提高收割机前进速度，借以增加喂入量，使水稻收割机经常处于满负荷工作状态。高茎秆水稻的收割，将拨禾轮上的拨齿调整向前倾斜 8°～15°，以加大水稻收割捕捉能力，同时调高拨禾轮的拨齿接触在被割水稻的 2/3 处，调大伸缩杆与割台底板间的距离，适当降低收割机前进速度。密植水稻的收割，要降低收割机作业速度，防止割下的水稻堆积堵塞。

(四)选择适宜收割机行走路线减少损失

①选择适宜收割机行走路线便于操作　水稻联合收割机的卸粮一侧通常在右侧，行走路线以逆时针作业为宜。从易于收割机下田的一角开始，沿着田埂割出一个割幅，割到头后倒退5～8 m，然后斜着割出第二个割幅，割到头后再倒退5～8 m，斜着割出第三个割幅；用同样的方法开出横向方向的割道。规划较整齐的田块，可以把几块田连接起来开好割道，割出三行宽的割道后再分区收割，提高收割效率。

②选择适宜收割机行走路线减少漏割　收割过程中机器保持直线行走，避免边割边转弯，压倒部分谷物造成漏割，增加损失；水稻长势好，产量高，收割机作业速度可慢些，如果稻田干硬收割作业速度可快些。

任务实施

水稻测产

(一)目的要求

了解水稻产量构成因素，掌握水稻测产技术，了解不同类型水稻的产量结构情况，为分析、总结水稻生产技术提供依据。

(二)材料用具

代表性田块、皮尺、标签、天秤或盘秤、脱粒机、标牌、考测表、记录纸、计算器、铅笔。

(三)操作步骤

(1)小面积实收法

在一个生产单位的稻田中，选取有代表性的小田块，全部收割、脱粒，经过干燥含水量降至14%时称稻谷重量。实际测量该田块的面积，折算出单位面积产量。

$$产量(kg/hm^2)=收获稻谷重(kg)\times 10^4(m^2/hm^2)/田块面积(m^2)。$$

收割、脱粒符合要求，损失率在1%以下为合格。

(2)产量构成因素调查法

选取有代表性田块，采用对角线五点取样法取样，也可采用随机取样法取样。样点要有代表性，分布均匀。调查项目及要求如下。

①每公顷穴数　在每个样点上测量11行水稻的距离，除以10即为行距；测量11穴水稻的距离，除以10即为穴距。统计各点的行距和穴距，求出该田块的平均行距和穴距。计算每公顷穴数。

$$每公顷穴数=10\,000(m^2)/[平均行距(m)\times 平均穴距(m)]$$

②每公顷有效穗数　在每个样点上连续取10～20穴，查出每穴有效穗数(具有10个以上结实谷粒的稻穗)，统计出各点及全田的平均每穴穗数，计算每公顷穗数。

$$每公顷穗数=每公顷穴数\times 每穴平均穗数$$

③每穗实粒数　在1～3个样点上，每点选取一穴穗数接近该点平均每穴穗数的水稻，数记该穴的每穗实际粒数，统计每穴平均实粒数。调查时可将有效穗脱粒，放入清水中，沉入水中的谷粒为实粒。计算每穗平均粒数，各点平均求出全田平均每穗实粒数。

$$每穗实粒数=每穴总实粒数/每穴有效穗数$$

④千粒重的测定　把样点的样株脱粒、晒干、充分混匀，随机取1 000粒的种子4份，分别称重，求取平均值。如在田间直接计数每穗实粒数的，则可用常年千粒重估算理论产量。

⑤计算产量　根据穗数、粒数的调查结果，再估算出千粒重，即可计算出水稻单位面积产量。

$$产量(kg/hm^2)= 每穗实粒数\times每公顷穗数\times千粒重(g)/10^6$$

将考查的数据及结果填入表6-1，根据测产资料进行整理分析，形成产量分析报告。

表6-1　水稻田间测产结果汇总

田块名称	品种名称	每公顷穴数	平均每穴穗数	每公顷有效穗数	每穗粒数	千粒重/g	理论产量/(kg/hm^2)

(四)考核标准(表6-2)

表6-2　考核标准

序号	考核内容	考核要点	分值	评分标准	扣分	得分
1	材料用具准备	材料准备齐全	10	缺一项扣1分		
2	有效穗数的测定	有效穗数的测定操作规范准确	10	操作不规范准确一项扣1分		
3	每穗实粒数的测定	每穗实粒数的测定操作规范准确	10	操作不规范准确一项扣1分		
4	千粒重的测定	千粒重的测定操作规范准确	10	操作不规范准确一项扣1分		
5	产量计算	产量计算结果准确	20	产量计算结果不正确扣10～20分		
6	结果分析	分析报告结论准确清晰	20	分析报告结论不够准确清晰扣10～20分		
7	场地清理	操作场地(台面)干净整洁，物品摆放整齐，实训后物品归位	10	操作场地(台面)不干净整洁扣1～3分，物品摆放不整齐扣1～3分，实训后物品没有归位扣1～3分		
8	团队协作	各成员都积极参与，分工协作，任务完成快	10	有成员没参与一人扣2分，分工不明确，团队合作不佳扣1～5分，任务完成得慢扣1～2分		

案例分析

1. 为预估水稻产量，某农场对某水稻田块进行了水稻测产，但发现实际收获产量与测产预估产量有一定的误差，请分析造成测产误差的主要原因有哪些？在操作上应如何避免测产误差？

2. 据测算，我国每年仅在储藏、运输、加工等环节浪费的粮食总量就达 350 亿 kg 以上。分析这些粮食都在哪些环节被损耗了？为何会出现这些损耗？

知识拓展

稻米品质评价与方法

我国对稻米品质的评价从加工、外观、蒸煮与食味、营养及卫生品质等方面进行评价，一般要求在稻谷收获、晒干(含水量 13%±1%)，去杂后存放 90 天以上，待理化性状稳定后进行。

(一)加工品质

加工品质反映稻米对加工的适应性，又称为碾磨品质。主要取决于籽粒的灌浆特性、胚乳结构及糠层厚度等，如籽粒充实、胚乳结构致密、硬性好的谷粒加工适应性好。其评价指标主要有糙米率、精米率、整精米率，分别为单位质量稻谷加工出的糙米、精米和整精米的质量百分率。糙米是指稻谷经加工去除谷壳后的米粒；精米是指稻谷或糙米经过碾磨加工脱去米皮后留存在直径为 1.0 mm 圆孔筛上的米粒；整精米是指长度在完整精米粒平均长度 4/5 以上的精米粒。我国大多数品种的糙米率、精米率相对稳定，一般分别为 77%～85%和 67%～80%。整精米率从 20%～75%不等，变异较大，它是加工品质的重要指标。

(二)外观品质

外观品质又称为市场(商品)品质，它体现了吸引消费者的能力。评价指标主要有垩白米率、垩白面积、垩白度、透明度、粒形等。垩白米率是整精米中垩白米粒所占的百分比。垩白是胚乳充实不良引起的空隙导致光的散射，外观上形成白色的不透明区，按发生的部位分为腹白、背白、心白和乳白，影响米粒品质。垩白使稻米透明度和硬度降低且易碎。垩白面积是垩白占整粒米投影面积的百分比，一般是以在垩白观测仪上目测来确定。垩白米率与垩白面积的乘积为垩白度，按其程度不同可进行 5 级分类：1 级垩白度少于 1%，5 级垩白度为 20%以上。透明度指精米在光透视下的晶亮程度，可用透明度仪进行测定。除糯米外，优质米要求透明或半透明。粒形通常以长宽比表示，用测量板或游标卡尺测定米粒的长宽。米粒长宽比>3.0 为细长形，<2.0 为粗短形，介于两者之间为椭圆或中长形。

(三)蒸煮与食味品质

蒸煮与食味品质指米饭的色、香、味及其适口性(如黏弹性、柔软性等)，反映稻米的食用特性。评价食味的最好方法是口感品尝，由于品尝者的差异，加之过程复杂，难以快速有效地评定，通常用较客观的理化指标来间接反映，主要有直链淀粉含量、糊化温度、胶稠度、米饭黏性、硬度、气味、色泽以及冷饭质地等，其中直链淀粉含量是食味的重要因素，蛋白质含量高对食味品质有负效应。食味评定一般是选择有代表性的同类优质品种为对照，用带盖铝盒盛来炊熟后，先鉴定米饭有无清香味(气味占 15%)，再观察米饭色泽、结构(外观占 15%)；通过口感品尝鉴定柔软性、黏散性及滋味(适口性占 60%)，1 h 后观察米饭是否柔软松散或黏结(冷饭质地占 10%)。

直链淀粉含量(除糯米<2%外)，一般为 6%～34%，分成极低(<8%)、低(8%～20%)、中(20%～25%)、高(>25%)4 个等级。直链淀粉含量高的米饭胀性大，干松而色淡，冷后质硬，食味较差；直链淀粉含量中、低的米饭胀性较小，湿黏且有光泽，柔软又不失蓬松，是改良食味品质的目标之一。但有时直链淀粉并不完全决定米饭质地，其含量相近的米饭质地也有明显差异，如含量相近的早籼与晚籼的食味就相差甚远。直链淀粉的测定主要有国标法和改进简化法2种，其中改进简化法较为常用。它是根据精米粉经消煮后的直链淀粉与碘液（I＋KI）之间的呈色反应，以及直链淀粉含量与溶液的呈色深度呈线性关系的原理，通过分光光度计测定待测溶液的吸光度，再根据由已知标样所做的标准曲线求得待测样品的直链淀粉含量。

糊化温度是指淀粉粒受热吸水后发生不可逆膨胀时的温度，是淀粉的物理属性，它既反映米粒的胀性和需水性，又反映胚乳的硬度。糊化温度较低的食味较佳。它是通过目测判断30 ℃恒温条件下整精米在1.7%KOH溶液中的消解程度来间接测定。稻米糊化温度的变异范围为50～80 ℃，可分为高（>74 ℃）、中（70～74 ℃）和低（<70 ℃）3个等级。

胶稠度是指0.100 0 g精米粉（含水量为12%）在沸水浴中充分糊化形成4.4%的米胶，并经冰水浴冷却后，在室温下水平标准试管中米胶的流淌长度。胶稠度可分为硬（米胶流长<40 mm）、中（40～60 mm）和软（>60 mm）3个等级。胶稠度较长，米饭较软且偏黏；胶稠度较短，米饭则偏硬而不黏。多数地区以胶稠度偏软作为食味较好的标志之一。

（四）营养品质

营养品质指精米中蛋白质及其氨基酸等养分的含量与组成，以及脂肪、维生素、矿物质含量等。稻米蛋白质除绝对含量外，谷蛋白、醇溶蛋白等组分及氨基酸组成也与营养、食味有关。一般认为蛋白质含量高会抑制淀粉粒吸水、膨胀及糊化，米饭口感变差，食味不佳。但其中又含有谷蛋白及多种人体必需的氨基酸，易消化吸收，营养价值较高。蛋白质含量一般是通过测定稻米的全氮含量（如凯氏定氮法），并乘以转换系数5.95即得。

（五）卫生品质

卫生品质主要是稻米中农药及重金属元素（如砷、锅、汞、铅）等有害成分的残留状况等。主要包括有毒化学农药、重金属离子、黄曲霉毒素、硝酸盐等有毒物质的残留量。它是稻米的首要品质指标，因为稻米作为食品首先必须是安全、卫生的。

思政园地

千方百计减少秋粮机收环节损失

2021年，农业农村部部署全国秋粮机收减损工作，要求将机收减损作为粮食生产机械化重要工作抓实抓细、常抓不懈，努力夺取秋粮丰产丰收，确保颗粒归仓。会议强调，粮食生产的大头在秋粮，机收是秋粮收获的主要方式。秋粮主要作物为玉米和水稻，机收水平分别超过78%和93%。在耕地资源有限、增加播种面积比较困难的情况下，降低机收损耗是增加粮食产量、保障国家粮食安全的重要途径。各省（区、市）均是粮食作物机收减损的主战场，要牢固树立“减损就是增产”的意识，把“三秋”机械化生产和机收减损作为当前最重要、最紧迫的农机化工作，千方百计减少秋粮机收环节损失。

任务小结

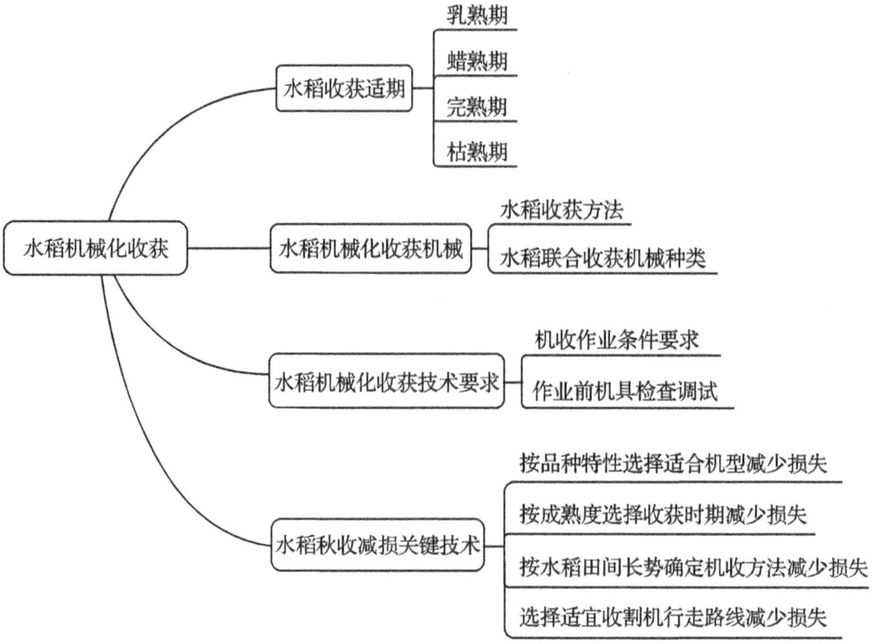

任务练习

1. 如何确定水稻适宜收获期？
2. 简述水稻收获减损的技术要点。
3. 水稻机械化收获方法有哪些？
4. 水稻机械收获前机具要做哪些检查调试？

任务二　水稻秸秆机械化处理

任务描述

水稻是农业生产主要农作物之一，种植面积大、秸秆产量高。随着科技的发展和进步，农业机械化技术投入到秸秆处理工作当中，有效地提高了秸秆处理效率及农业资源利用率，促进农业健康可持续发展。

任务资讯

一、水稻秸秆机械粉碎还田

(一)秸秆粉碎机械作业要求

联合收割机收割留茬高度≤15 cm，秸秆切碎长度≤10 cm，并均匀抛撒于田间；秸秆粉碎应在秸秆含水率较低时进行，刀具无需入土、保持高转速，以实现较细碎的粉碎程度。

(二)秸秆粉碎作业机械

联合收割机配备秸秆切碎抛撒装置(或联合收获秸秆粉碎一体机);一般采用75马力以上拖拉机,匹配相应幅宽的甩刀式秸秆粉碎机。

(三)机械秸秆粉碎相关技术要求

对于机械收割留茬和切碎不达标的田块,要增加秸秆粉碎还田作业环节,利用秸秆粉碎机刀轴的锤爪或甩刀高速旋转,击碎秸秆。粉碎后的秸秆均匀抛撒田面,然后再进行耕翻埋茬作业(图6-8、图6-9)。

图6-8　秸秆粉碎机

图6-9　秸秆粉碎机田间作业

秸秆粉碎还田机主要由传动机构、粉碎室和辅助部件等部分组成。传动机构由万向节传动轴、齿轮箱和皮带传动装置组成。粉碎室由罩壳、刀片和铰接在刀轴上的刀片组成。刀片的形式有"L"形、直刀型、锤爪式等。辅助部件包括悬挂架和限深轮等。通过调整限深轮的高度,可调节留茬高度,同时确保甩刀不打入土中。

二、水稻秸秆机械打捆

(一)打捆机工作原理

打捆机主要由捡拾器、螺旋输送器、滚筒式切碎喂入装置以及打捆室4部分组成。打捆机在拖拉机的牵引下,沿收割过后自然堆放的草条前进,捡拾器的弹齿将秸秆从地面上拾起,并送到螺旋输送器。

捡拾器的主要功能是把地面铺放的秸秆捡拾后推送到输送喂入平台。捡拾器的工作原理:当捡拾器主轴旋转时,弹齿杆在固定盘的作用下沿着半径为R的圆周转动。随着弹齿杆的转动,弹齿齿端逐渐从护板的下方伸出。当齿端与草条开始接触时,弹齿便进入工作行程,把秸秆捡拾提升到护板上方表面推送秸秆,直至其齿端从护板上方缩回到护板内侧。弹齿在推送秸秆的行程中,其齿端与护板的相对速度明显减小,运行方向几乎垂直向下,将秸秆卸放在护板末端,避免继续推送秸秆而堵塞与护板间隙中,在空行程的起始阶段,滚轮在凸轮滑道的直线段运行,弹齿的相对速度迅速增大,其齿端从护板下方的缝隙中迅速伸出,直至弹齿接近于径向后重新恢复到工作行程。

(二)打捆机分类

①从行走方式分为自走式、牵引式、固定式,自走式又分为轮式机和履带机。

②根据原料又分为玉米秸秆打捆机、麦草打捆机、稻草打捆机等。

③根据草捆形状分为圆捆机和方捆机(图 6-10、图 6-11)。圆捆机由于没有打结器使其结构相对简单,体积较小,其价格较便宜,操作维修简单,但缺点是生产率低,因为是间歇作业,打捆时停止捡拾,捆扎得圆捆密度低,装运和存储不太方便,捡拾幅度过小,多为 80 cm 左右。如果大型联合收获机收获后进行打捆作业,容易出现堵塞或断绳现象。方捆机由于所打的草捆密度比圆捆大,运输和存储较为方便,可连续作业,效率较高,但由于其结构复杂,制造成本高,因而价格也高。

图 6-10　圆捆打捆机

图 6-11　方捆打捆机

(三)打捆机维护保养

①清洗　打捆机应使用高压气体进行清理,在清理时需要佩戴防护眼镜,避免对眼睛造成伤害。其次还可用风机产生的高速、大容量的风力进行清理。切记不可用水清理打捆机,因为清理过后所剩的残余经水浸泡会造成机体生锈。

②润滑　打捆机需要润滑的地方一般包括滚子链和轮子轴承 2 个部分。一般来说,每打捆 1 000 个草捆就需要用机油将所有链条润滑一次,但这样容易吸附灰尘,因此可以选择在季末和空闲期定期润滑链条,这样链条不像运行时那么容易被污染。轮子轴承每年都需拆下清洗和替换。在对轮子轴承进行润滑时,应当拧紧轴承调整螺栓,同时转动轮子,当转动遇到阻力即停止。

(四)打捆机使用前调整

①对拖拉机的要求和牵引杆的调整　为确保打捆机的安全有效使用,配套拖拉机动力输出轴至少要有 75 马力(56 kW)。在丘陵地区使用或在打捆机后牵引一个拖车时,要保证拖拉机有足够的尺寸和重量,在所有可能的使用条件下,使之能够保持对打捆机和有负荷拖车的控制。

调整拖拉机牵引杆,使其挂结销孔距拖拉机动力输出轴端 356 mm,距拖拉机轮外缘至少 102 mm。牵引杆在动力输出轴下面与其对中并被卡紧,两个方向都不能摆动。在某些拖拉机上,必须使用一种挂接板以获得合适的距离,必要时须安装一个动力输出轴转换装置。

②挂接　挂接装置是可调整的,要使打捆机与压捆室工作相协调,牵引杆尽可能接近水平位置。如果使用不同的拖拉机,挂接点可能需要重新定位。

需要注意的是,在运输位置时,切不可将拖拉机动力输出轴与打捆机相连接。切勿将打捆机与动力输出轴转速为 1 000 r/min 的拖拉机相连接。

连接打捆机与拖拉机可按下述步骤进行。

①用一个直径为 19 mm 的挂结销将打捆机牵引杆连接到拖拉机上。安装一个防松螺母或开尾销，以防止挂结销丢失。

②转动螺旋起重器的手把使起重器不承重，锁紧销并转动起重器到运输位置。检查并确认牵引杆和打捆机在水平位置，否则需改变挂接位置。

③将动力输出轴连接到拖拉机上。

④向上或向下调节中心动力输出轴支架，使动力输出轴前端尽可能水平。

⑤前动力输出轴支架必须向下折叠到工作位置。

⑥将牵引杆活门拉绳系到拖拉机上方便的位置。

⑦安全链固定到拖拉机牵引杆上，在每个固定点间用 U 形卡子支撑。在公路上牵引打捆机时，安全链应起作用。若挂结销断裂或者脱落，链子将保持对打捆机的控制。

⑧连接所有电缆和液压管道等拖拉机选择附件。

(五)故障排除

1. 捡拾器部分可能出现的问题及解决办法

①轴承、凸轮滑道及滚轮损坏或使用寿命大幅降低　原因是弹齿进入罩板，应将弹齿从罩板中及时取出，如果变形严重则需要矫正弹齿。

②皮带打滑或脱出　一是皮带的张紧力不足，应调整皮带的张紧力；二是皮带轮内有过多的杂物，应清除皮带轮内的杂物；三是各皮带轮不在同一平面内，应调整各皮带轮相对位置。

2. 草捆不规则的问题及解决办法

①草捆形状不规则　一是草条不均匀或喂入拨叉工作速率不均匀，应调整作业速度和动力输出的转速，使喂入量均匀一致；二是拨叉拨送草料不充分，活塞压缩草捆频率慢，导致草捆压力不足，应加大拖拉机输出轴的转速，至少 540 r/min。

②草捆外形不整齐　原因是喂入量太大，应降低作业速度。

③草捆长度不一致　一是打捆机构离合器离合卡爪转动不灵，应清洗和润滑分离卡爪销轴；二是计量轮轴滚花套的表面刻纹被磨光，应更换滚花套，检查离合器控制杆上刻制的齿与滚花套上的齿啮合是否正常；三是离合器控制杆弹簧从社接点松脱或损坏，应检查弹簧。

任务实施

水稻秸秆机械打捆

(一)目的要求

明确稻草打捆机工作原理，能够正确规范进行稻草打捆机维护保养、使用前调整、故障排除等工作。

(二)材料用具

稻草打捆机、工具箱、易损件备件、记录卡、笔。

(三)方法步骤

(1)稻草打捆机维护保养。

(2)稻草打捆机使用前调整。

(3)稻草打捆机故障排除。

(四)考核标准(表 6-3)

表 6-3 考核标准

序号	考核内容	考核要点	分值	评分标准	扣分	得分
1	材料用具准备	材料准备齐全	10	缺一项扣 1 分		
2	稻草打捆机维护保养	稻草打捆机维护保养操作规范	20	操作不规范一项扣 5 分		
3	稻草打捆机使用前调整	稻草打捆机使用前调整操作规范正确	20	操作不规范一项扣 5 分		
4	稻草打捆机故障排除	稻草打捆机故障排除精准完全,操作规范	20	操作不规范一项扣 5 分		
5	场地清理	操作场地物品机具摆放整齐有序,实训后物品机具归位	10	操作场地(台面)不干净整洁扣 1～3 分,物品摆放不整齐扣 1～3 分,实训后物品没有归位扣 1～3 分		
6	团队协作	各成员都积极参与,分工协作,任务完成快	20	有成员没参与一人扣 2 分,分工不明确,团队合作不佳扣 1～5 分,任务完成得慢扣 1～2 分		

案例分析

某稻田里,工人们正驾驶农机将秸秆打捆回收,田间一片忙碌的景象,但是在机械打捆过程中发现秸秆捡拾不干净,请分析原因,如何解决?

知识拓展

中国打捆机发展趋势

近年来,由于国家“粮改饲”、二元经济向三元经济转变,加上养殖业快速发展导致的草料短缺等因素的影响,以及秸秆焚烧带来的大气污染和资源的浪费等,政府开始扶持对打捆机械的研发,将打捆机列入农机补贴项目,国内一些科研院所和企业开始加大了对打捆机械的研发力度,给打捆机的发展带来了一定的契机。

①随着国家不断推行土地集约化经营,秸秆资源潜在利用价值的开发,以及我国制造业水平的不断提升,打捆机械会向着大型化和高效化的方向发展。

②随着我国科技发展,制造业智能化水平的不断提高,为减轻操作人员的负担,简化操作以及复杂系统故障实时监测的需要,对于机械智能化水平的要求越来越高,因此,我国的打捆机械会向着不断提升其智能化水平的方向发展。

③我国的丘陵山地地区较多,不利于大型的机械化作业,因此,小型打捆机还会长期存在于市场。这就要求小型打捆机向着提高其自身工作效率以及可靠性等方向发展。

思政园地

保护"耕地中的大熊猫"

我国的黑土区主要分布在黑龙江省、吉林省、辽宁省大部分地区和内蒙古自治区东部地区，是国家重要粮食生产基地，粮食产量约占全国的1/4。由于长年高强度开发利用，加之风蚀水蚀、人为破坏等，黑土不断变瘦、变薄、变硬，肥力在下降，对粮食安全构成威胁。科学研究表明，形成1 cm黑土层需要几百年，东北黑土层整体形成经历了上万年，尽管大规模开发利用只有200年，但其近年来却以每年几毫米到1 cm的速度减少。保护黑土地迫在眉睫。

近年来，中央有两次用大熊猫来比喻耕地保护。一是"像保护大熊猫一样保护耕地"，指耕地整体如大熊猫一样宝贵；二是"保护好耕地中的大熊猫"，专指黑土地尤其要珍惜。从另一个角度看，前者侧重说的是数量，针对的是人多地少的国情；后者侧重说的是质量，针对的是黑土地质量退化问题。数量保护和质量保护是有机统一的，都是"藏粮于地"战略的具体要求，也是农业绿色发展的重要内容。

任务小结

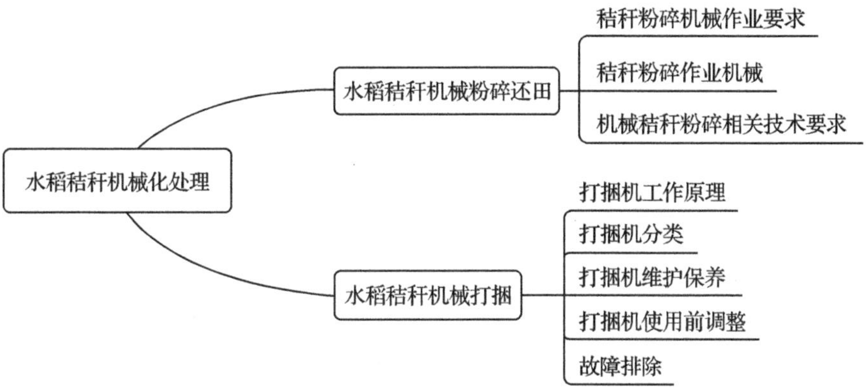

任务练习

1. 对照圆捆打捆机和方捆打捆机的性能，各有何优缺点？
2. 打捆机会出现哪些故障，如何排除？
3. 打捆机使用前要做哪些调整？

参 考 文 献

[1] 张璐,于林惠．水稻生产全程机械化技术与装备[M]．南京:江苏凤凰科学技术出版社,2021.

[2] 姜道远,徐顺年．水稻全程机械化生产技术与装备[M]．南京:东南大学出版社,2009.

[3] 束剑华,李振陆．作物栽培[M].4 版．北京:中国农业出版社,2019.

[4] 李振陆．作物栽培[M].2 版．北京:中国农业出版社,2008.

[5] 于振文．作物栽培学各论[M]．北京:中国农业出版社,2003.

[6] 马成云．植物保护[M]．北京:中国农业大学出版社,2011.

[7] 于兴瑞,耿端阳,王传中,等．国内外秸秆打捆机发展现状与趋势分析[J]．农机使用与维修,2020(6):12.